After Effects CS6
标准培训教程

数字艺术教育研究室 编著

人民邮电出版社

北 京

图书在版编目（CIP）数据

After Effects CS6标准培训教程 / 数字艺术教育研究室编著. -- 北京：人民邮电出版社，2018.11（2021.12重印）
ISBN 978-7-115-49113-8

Ⅰ．①A… Ⅱ．①数… Ⅲ．①图象处理软件—教材
Ⅳ．①TP391.413

中国版本图书馆CIP数据核字(2018)第192142号

内 容 提 要

本书全面系统地介绍 After Effects CS6 的基本操作方法和影视后期制作技巧，包括 After Effects 入门知识、图层的应用、制作遮罩动画、应用时间线制作特效、创建文字、应用特效、跟踪与表达式、抠像、添加声音特效、制作三维合成特效、渲染与输出及案例实训等内容。

本书内容以课堂案例为主线，通过对各实际案例的讲解，使读者快速熟悉软件功能和影视后期设计思路。书中的软件功能解析部分，可以使读者深入学习软件功能和影视后期制作技巧。课堂练习和课后习题，可以提高读者的实际应用能力，使读者掌握软件的使用技巧。案例实训，可以帮助读者快速掌握影视后期的设计理念和设计元素，顺利达到实战水平。

本书附带学习资源，内容包括书中所有案例的素材及效果文件，读者可通过在线方式获取这些资源，具体方法请参看本书前言。

本书适合作为院校和培训机构艺术专业课程的教程，也可作为 After Effects CS6 自学人士的参考用书。

◆ 编　　著　数字艺术教育研究室
责任编辑　张丹丹
责任印制　陈　犇

◆ 人民邮电出版社出版发行　　北京市丰台区成寿寺路 11 号
邮编　100164　电子邮件　315@ptpress.com.cn
网址　http://www.ptpress.com.cn
固安县铭成印刷有限公司印刷

◆ 开本：700×1000　1/16
印张：14　　　　　　　　　2018 年 11 月第 1 版
字数：329 千字　　　　　　2021 年 12 月河北第 11 次印刷

定价：59.80 元

读者服务热线：(010)81055410　印装质量热线：(010)81055316
反盗版热线：(010)81055315
广告经营许可证：京东市监广登字 20170147 号

前　言

　　After Effects是由Adobe公司开发的影视后期制作软件。它功能强大、易学易用，深受广大影视制作爱好者和影视后期设计师的喜爱，已经成为这一领域非常流行的软件。目前，我国很多院校的数字媒体艺术类专业，都将After Effects作为一门重要的专业课程。为了帮助院校的教师全面、系统地讲授这门课程，使学生能够熟练地使用After Effects来进行影视后期制作，我们几位长期在高职院校从事After Effects教学的教师和专业影视制作公司经验丰富的设计师合作，共同编写了本书。

　　我们对本书的编写体例做了精心的设计，按照"课堂案例－软件功能解析－课堂练习－课后习题"这一思路进行编排，力求通过课堂案例演练，使读者快速熟悉软件功能和影视后期设计思路；通过软件功能解析，帮助读者深入学习软件功能和制作特色；通过课堂练习和课后习题，提高读者的实际应用能力。在内容编写方面，我们力求细致全面、突出重点；在文字叙述方面，我们注意言简意赅、通俗易懂；在案例选取方面，我们强调案例的针对性和实用性。

　　本书附带学习资源，内容包括书中所有案例的素材及效果文件。读者在学完本书内容以后，可以调用这些资源进行深入练习。扫描"资源获取"二维码，关注我们的微信公众号，即可得到资源文件获取方式。另外，购买本书作为授课教材的教师也可以通过该方式获得教师专享资源，其中包括教学大纲、备课教案、教学PPT，以及课堂案例、课堂练习和课后习题的教学视频等相关教学资源包。如需资源获取技术支持，请致函szys@ptpress.com.cn。同时，读者可以扫描"在线视频"二维码观看本书所有案例视频。本书的参考学时为58学时，其中实训环节为24学时，各章的参考学时请参见下面的学时分配表。

资源获取

在线视频

章　序	课程内容	学 时 分 配	
		讲　授	实　训
第1章	After Effects入门知识	1	
第2章	图层的应用	3	2
第3章	制作遮罩动画	3	2
第4章	应用时间线制作特效	3	2
第5章	创建文字	3	2
第6章	应用特效	4	2
第7章	跟踪与表达式	2	2

章 序	课程内容	学时分配	
		讲 授	实 训
第8章	抠像	3	2
第9章	添加声音特效	3	2
第10章	制作三维合成特效	3	2
第11章	渲染与输出	2	
第12章	商业案例实训	4	6
学 时 总 计		34	24

由于时间仓促，编者水平有限，书中难免存在错误和不妥之处，敬请广大读者批评指正。

编 者

2018年8月

目　录

第 *1* 章

After Effects入门知识

本章介绍

　　本章对After Effects CS6的工作界面、文件的基础知识、文件格式、视频输出和视频参数设置进行了详细讲解。通过学习本章内容，读者可以快速了解并掌握After Effects的入门知识，为后面的学习打下坚实的基础。

学习目标

◆ 熟悉After Effects CS6的工作界面

◆ 了解软件相关的基础知识

◆ 掌握文件格式以及视频的输出

技能目标

◆ 熟练掌握软件相关基础知识

◆ 熟练掌握常用图像格式

◆ 熟练掌握常用音频与视频编码格式

1.1 After Effects的工作界面

After Effects允许用户定制工作区的布局，用户可以根据工作的需要移动和重新组合工作区中的工具箱和面板，下面将详细介绍常用工作面板。

1.1.1 菜单栏

菜单栏几乎是所有软件都有的重要界面要素之一，它包含了软件所有操作命令。After Effects CS6提供了9项菜单，分别为文件、编辑、图像合成、图层、效果、动画、视图、窗口、帮助，如图1-1所示。

图1-1

1.1.2 "项目"面板

导入After Effects CS6中的所有文件、创建的所有合成文件、图层等，都可以在项目面板中找到，并可以清楚地看到每个文件的类型、尺寸、时间长短、文件路径等。当选中某一个文件时，可以在"项目"面板的上部查看对应的缩略图和属性，如图1-2所示。

图1-2

1.1.3 "工具"面板

"工具"面板中包括经常使用的工具，有些工具按钮不是单独的按钮，在其右下角有三角标记的都含有多重工具选项。例如，在"矩形遮罩"工具🔲上按住鼠标不放，即会展开新的按钮选项，拖动鼠标可进行选择。

工具栏中的工具如图1-3所示，包括"选择"工具▶、"手形"工具✋、"缩放"工具🔍、"旋转"工具🔄、"合并摄像机"工具📷、"定位点"工具⊞、"矩形遮罩"工具🔲、"钢笔"工具✒、"横排文字"工具Ｔ、"画笔"工具✏、"图章"工具🔖、"橡皮擦"工具✒、"ROTO刷"工具✒、"自由位置定位"工具✈，"本地轴方式"工具⊞、"世界轴方式"工具◉、"查看轴模式"工具◪。

图1-3

1.1.4 "合成"预览窗口

"合成"窗口可直接显示出素材组合特效处理后的合成画面。该窗口不仅具有预览功能，还具有控制、操作、管理素材、缩放窗口比例、当前时间、分辨率、图层线框、3D视图模式和标尺等操作功能，是After Effects CS6中非常重要的工作窗口，如图1-4所示。

图1-4

1.1.5　"时间线"面板

"时间线"面板可以精确设置合成中各种素材的位置、时间、特效和属性等，可以进行影片的合成，还可以进行层的顺序调整和关键帧动画的操作，如图1-5所示。

图1-5

1.2　软件相关的基础知识

在常见的影视制作中，素材的输入和输出格式设置的不统一，视频标准的多样化，都会导致视频产生变形、抖动等错误，还会出现视频分辨率和像素比的标准不一致问题。这些都是在制作前需要了解清楚的。

1.2.1　模拟化与数字化

传统的模拟录像机被用来把实际生活中看到、听到的东西录制为模拟格式。如果是用模拟摄像机或者其他模拟设备（使用录像带）进行制作，还需要能配备将模拟视频数字化的捕获设备。

一般计算机中安装的视频捕获卡就是起这种作用的。模拟视频捕获卡有很多种，它们之间的区别表现在可以数字化的视频信号的类型和被数字化的视频的品质等。

Premiere或者其他软件都可以用来进行数字化制作。一旦视频被数字化以后，就可以使用Premiere、After Effects或者其他软件在计算机中进行编辑了。编辑结束以后，为了方便使用，也可以再次通过视频进行输出。输出时可以使用Web数字格式，或者VHS、Bata SP这样的模拟格式。

在科技飞速发展的今天，数码摄像机的使用越来越普及，价格也日趋稳定。因为数码摄像机是把录制内容保存为数字格式，所以可以直接把数字信息载入计算机中进行制作。普及比较广的数码摄像机使用的是被称为DV的数字格式。

将DV文件传送到计算机上要比传送模拟视频更加简单。因为计算机和数据的通路较常见的连接方式就是使用这种格式进行传输。

1.2.2　逐行扫描与隔行扫描

扫描是指显像管中电子枪发射出的电子束扫描电视或电脑屏幕的过程。在扫描的过程中，电子束从左向右、从上到下扫描画面。对于PAL制式信号来说，采用每帧625行扫描；对于NTSC制式信号来说，采用每帧525行扫描。画面扫描分为逐行扫描和隔行扫描两种方式。

逐行扫描是每一行按顺序进行扫描，一次扫描显示一帧完整的画面，属于非交错场。逐行扫描更适合在高分辨率下使用，同时对显示器的扫描频率和视频率的带宽也提出了较高的要求。扫描频率越高，刷新速度越快，显示效果就越稳定，如电影胶片、大屏幕彩显都采用逐行扫描的方式。

隔行扫描是先扫描奇数行，再扫描偶数行，两次扫描后形成一帧完整的画面，属于交错场。在对隔行扫描的视频做移动、缩放、旋转等操作时，会产生画面抖动、运动不平滑等现象，画面质量会降低。

1.2.3　播放制式

目前正在使用的电视制式有3种，分别是NTSC（National Television System Committee，美国电视系统委员会）、PAL（Phase Alternating Line，逐行倒相制）和SECAM（Sequentiel Couleur A

Memoire，按顺序传送彩色与存储），这3种制式之间存在一定的差异。每个地区销售的摄像机或者电视机以及其他的一些视频设备，都是根据当地的标准来制造的。如果要制作国际通用的内容，或者想要在自己的作品上插入国外制作的内容，就必须考虑制式的问题。虽然各种制式之间可以相互转换，但因为存在帧频和分辨率的差异，所以视频在品质方面会有一定的变化。SECAM制式只能用于电视，在使用SECAM制式的国家都有使用PAL制式的摄像机和数字设备。在这里要特别注意视频制式和录像磁带制式的不同。例如，VHS制式的视频可以被录制成NTSC或者PAL制式的视频形式。

如表1-1所示，列出了基本模拟视频制式和典型连接方式。

表1-1

播放制式	国家或地区	水平线	帧速率
NTSC	美国、加拿大、日本、韩国等	525线	29.97帧/秒
PAL	澳大利亚、中国、欧洲、拉美	625线	25帧/秒
SECAM	法国、中东、非洲大部分国家	625线	25帧/秒

1.2.4 像素比

不同规格的视频像素的长宽比都是不一样的，在电脑中播放时，使用方形像素比；在电视上播放时，使用D1/DV PAL（1.09）的像素比制作，以保证在实际播放时画面不变形。

选择"图像合成 > 新建合成组"命令，在弹出的对话框中设置相应的像素比，如图1-6所示。

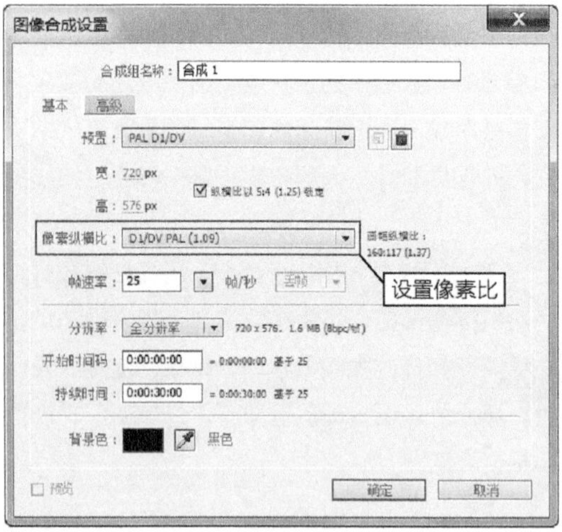

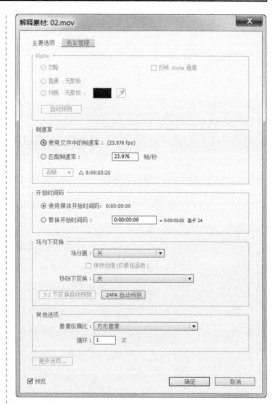

图1-6

选择"项目"面板中的视频素材，选择"文件 > 解释素材 > 主要"命令，弹出如图1-7所示的对话框，在这里可以对导入的素材进行设置，可以设置透明度、帧速率、场和像素比等。

图1-7

1.2.5 分辨率

普通电视和DVD的分辨率是720像素×576像素。在软件中设置时应尽量使用同一尺寸，以保证分辨率的统一。

分辨率过大的图像在制作时会占用大量制作时间和计算机资源，分辨率过小的图像则会使图像在播放时不够清晰。

选择"图像合成 > 新建合成组"命令，或按Ctrl+N组合键，在弹出的对话框中进行设置，如图1-8所示。

图1-8

1.2.6　帧速率

PAL制电视的播放设备使用的帧速率是每秒25幅画面，也就是25帧/秒，只有使用正确的帧速率才能流畅地播放动画。过高的帧速率会导致资源浪费；过低的帧速率会使画面播放不流畅，从而产生抖动。

选择"文件 > 项目设置"命令，或按Ctrl+Alt+Shift+K组合键，在弹出的对话框中设置帧速率，如图1-9所示。

🔍 提示

这里设置的是时间线的显示方式。如果要按帧制作动画可以选择帧方式显示，这样不会影响最终的动画帧速率。

图1-9

也可选择"图像合成 > 新建合成组"命令，在弹出的对话框中设置帧速率，如图1-10所示。

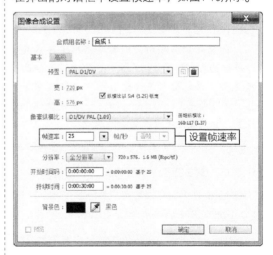

图1-10

选择"项目"面板中的视频素材，选择"文件 > 解释素材 > 主要"命令，在弹出的对话框中改变帧速率，如图1-11所示。

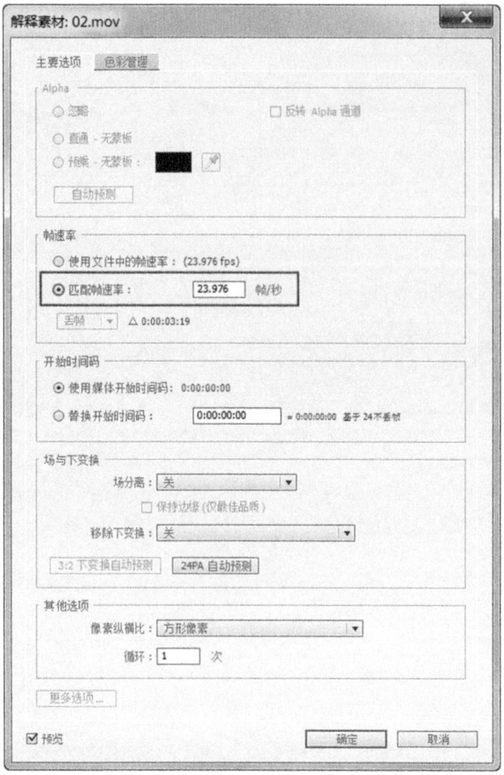

解释素材: 02.mov

主要选项　色彩管理

Alpha
○ 忽略　　　　　　　□ 反转 Alpha 通道
○ 直通 - 无蒙板
○ 预乘 - 无蒙板 ▇▇ ✐
自动预测

帧速率
○ 使用文件中的帧速率：(23.976 fps)
◉ 匹配帧速率：　23.976　帧/秒
丢帧 ▼ ⚠ 0:00:03:19

开始时间码
◉ 使用媒体开始时间码：0:00:00:00
○ 替换开始时间码：　0:00:00:00　= 0:00:00:00 基于 24 不丢帧

场与下变换
场分离：关 ▼
□ 保持边缘 (仅最佳品质)
移除下变换：关 ▼
3:2 下变换自动预测　24PA 自动预测

其他选项
像素纵横比：方形像素 ▼
循环：1　次

更多选项...

☑ 预览　　　　　　　　　确定　　　取消

图1-11

🔍 **提示**

如果是动画序列，则需要将帧速率设置为每秒25帧；如果是动画文件，则不需要修改帧速率，因为动画文件会自动包括帧速率信息，并且会被After Effects识别，一旦修改这个设置，会改变原有动画的播放速度。

1.2.7　安全框

安全框是画面可以被用户看到的范围。"显示安全框"以外的部分电视设备将不会显示，"字幕/活动安全框"以内的部分可以保证被完全显示。

单击"选择参考线与参考线选项"按钮 ▦，在弹出的列表中选择"字幕/活动安全框"选项，即可打开安全框参考可视范围，如图1-12所示。

图1-12

1.2.8　场

场是隔行扫描的产物，扫描一帧画面时由上到下扫描，先扫描奇数行，再扫描偶数行，两次扫描完成一幅图像。由上到下扫描一次叫作一个场，一幅画面需要两个场扫描来完成。在每秒25帧图像时，由上到下扫描需要50次，也就是每个场间隔1/50秒。如果制作奇数行和偶数行间隔1/50秒的有场图像，就可以在隔行扫描的每秒25帧的电视上显示50幅画面。画面多了自然流畅，跳动的效果就会减弱，但是场会加重图像锯齿。

要在After Effects中将有"场"的文件导入，可以选择"文件 > 解释素材 > 主要"命令，在弹出的对话框中进行设置即可，如图1-13所示。

🔍 **提示**

这个步骤叫作"分离场"，如果选择"上场"，并且在制作中加入了后期效果，那么在最终渲染输出的时候，输出文件必须带场，才能将下场加入后期效果；否则"下场"就会被丢弃，图像质量也就只有一半。

在After Effects输出有场的文件相关操作如下。

按Ctrl+M组合键，弹出"渲染队列"面板，单击"最佳设置"按钮，在弹出的"渲染设置"对话框的"场渲染"选项的下拉列表中选择输出场的方式，如图1-14所示。

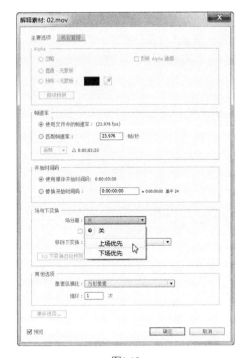

图1-13

图1-14

> ### 🔍 提示
>
> 　　如果使用这种方法生成动画，在电视上播放时会出现因为场错误而导致的问题。这说明素材使用的是下场，需要选择动画素材后按Ctrl+F组合键，在弹出的对话框中选择下场。

　　如果出现画面跳格是因为30帧转换25帧时产生了帧丢失，需要选择3：2 Pulldown的一种场偏移方式。

1.2.9　动态模糊

　　动态模糊会产生拖尾效果，使每帧画面更接近，以减少每帧之间因为画面差距大而引起的闪烁或抖动，但这会牺牲图像的清晰度。

　　按Ctrl+M组合键，弹出"渲染队列"面板，单击"最佳设置"按钮，在弹出的"渲染设置"对话框中进行动态模糊设置，如图1-15所示。

图1-15

1.2.10　帧混合

　　帧混合是用来消除画面轻微抖动的方法，有场的素材也可以用帧混合来抗锯齿，但效果有限。在After Effects中帧混合设置如图1-16所示。

图1-16

　　按Ctrl+M组合键，弹出"渲染队列"面板，单击"最佳设置"按钮，在弹出的"渲染设置"对话框中设置帧混合参数，如图1-17所示。

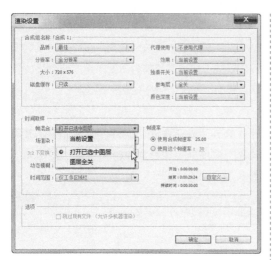

图1-17

1.2.11 抗锯齿

锯齿的出现会使图像粗糙，不精细。提高图像质量是解决锯齿的主要办法，但有场的图像只能通过添加模糊、牺牲清晰度来抗锯齿。

按Ctrl+M组合键，弹出"渲染队列"面板，单击"最佳设置"按钮，在弹出的"渲染设置"对话框中设置抗锯齿参数，如图1-18所示。

如果是矢量图像，可以单击按钮，一帧一帧地对矢量重新计算分辨率，如图1-19所示。

图1-18

图1-19

1.3 文件格式以及视频的输出

在After Effects中，有图形图像文件格式、常用视频压缩编码格式、常用音频压缩编码格式等多种文件格式。还可以根据视频输出设置对视频进行输出。

1.3.1 常用图形图像文件格式

1. GIF格式

GIF（Graphics Interchange Format，图像互换格式）是CompuServe公司开发的存储8位图像的文件格式，支持图像的透明背景，采用无失真压缩技术，多用于网页制作和网络传输。

2. JPEG格式

JPEG（Joint Photographic Experts Group，联合图像专家组）是采用静止图像压缩编码技术的

图像文件格式，是目前网络上应用较广的图像格式，支持不同程度的压缩比。

3. BMP格式

BMP格式最初是Windows操作系统的画笔所使用的图像格式，现在已经被多种图形图像处理软件所支持和使用。它是位图格式，有单色位图、16色位图、256色位图、24位真彩色位图等。

4. PSD格式

PSD格式是Adobe公司开发的图像处理

软件Photoshop所使用的图像格式，它能保留Photoshop制作流程中各图层的图像信息，正有越来越多的图像处理软件开始支持这种文件格式。

5. FLM格式

FLM格式是Premiere输出的一种图像格式。Adobe Premiere将视频片段输出成序列帧图像，每帧的左下角为时间编码，以SMPTE时间编码标准显示，右下角为帧编号，可以在Photoshop软件中对其进行处理。

6. TGA格式

TGA（Tagged Graphics）格式的结构比较简单，属于一种图形、图像数据的通用格式，在多媒体领域有着很大影响，是计算机生成图像向电视转换的一种首选格式。

7. TIFF格式

TIFF（Tag Image File Format）是Aldus和Microsoft公司为扫描仪和台式计算机出版软件开发的图像文件格式。它定义了黑白图像、灰度图像和彩色图像的存储格式，格式可长可短，与操作系统平台以及软件无关，扩展性好。

8. DXF格式

DXF（Drawing-Exchange Files）是用于Macintosh Quick Draw图片的格式。

9. PIC格式

PIC（Quick Draw Picture Format）是用于Macintosh Quick Draw图片的格式。

10. PCX格式

PCX（PC Paintbrush Images）是Z-soft公司为存储画笔软件产生的图像而建立的图像文件格式，是位图文件的标准格式，是一种基于PC机绘图程序的专用格式。

11. EPS格式

EPS（Encapsulated Post Script）语言文件格式包含矢量和位图图形，几乎支持所有的图形和页面排版程序。EPS格式用于在应用程序间传输PostScript语言图稿。在Photoshop中打开其他程序创建的包含矢量图形的EPS文件时，Photoshop会对此文件进行栅格化，将矢量图形转换为像素。EPS格式支持多种颜色模式，还支持剪贴路径，但不支持Alpha通道。

12. SGI格式

SGI（SGI Sequence）输出的是基于SGI平台的文件格式，可以用于After Effects 7.0与其他SGI上的高端产品间的文件交换。

13. RLA/RPF格式

RLA/RPF是一种可以包括3D信息的文件格式，通常用于三维软件在特效合成软件中的后期合成。该格式中可以包括对象的ID信息、z轴信息、法线信息等。RPF相对于RLA来说，可以包含更多的信息，是一种较先进的文件格式。

1.3.2 常用视频压缩编码格式

1. AVI格式

AVI（Audio Video Interleaved，音频视频交错格式），所谓"音频视频交错"就是可以将视频和音频交织在一起进行同步播放。这种视频格式的优点是图像质量好，可以跨多个平台使用；缺点是体积过于庞大，更加糟糕的是压缩标准不统一，因此经常会遇到高版本Windows媒体播放器播放不了采用早期编码编辑的AVI格式视频，而低版本Windows媒体播放器又播放不了采用最新编码编辑的AVI视频。

2. DV-AVI格式

目前非常流行的数码摄像机就是使用DV-AVI（Digital Video AVI）格式记录视频数据的。它可以通过电脑的IEEE 1394端口传输视频数据到电脑，也可以将电脑中编辑好的视频数据回录到数码摄像机中。这种视频格式的文件扩展名一般也是.avi，所以人们习惯地叫它为DV-AVI格式。

3. MPEG格式

MPEG（Moving Picture Expert Group，动态图像专家组），常见的VCD、SVCD、DVD就使用这种格式。MPEG文件格式是运动图像的压缩算法的国际标准，它采用的是有损压缩方法，从而减少了运动图像中的冗余信息。MPEG的压缩方法就是保留相邻两幅画面绝大多数相同的部分，而把后续图像中和前面图像冗余的部分去除，从而达到压缩的目的。目前MPEG格式有3个压缩标准，分别是MPEG-1、MPEG-2和MPEG-4。

⊙ MPEG-1：它是针对1.5Mbit/s以下数据传输率的数字存储媒体运动图像及其伴音编码而设计的国际标准，也就是通常所见到的VCD制式格式。这种视频格式的扩展名包括.mpg、.mlv、.mpe、.mpeg及VCD光盘中的.dat文件等。

⊙ MPEG-2：设计目标为高级工业标准的图像质量以及更高的传输率。这种格式主要应用在DVD/SCVD的制作（压缩）方面，同时在一些HDTV（高清晰电视广播）和一些高要求视频编辑、处理上面也有相当的应用。这种视频格式的文件扩展名包括.mpg、.mlv、.mpe、.mpeg、.m2v及DVD光盘中的.vob文件等。

⊙ MPEG-4：MPEG-4是为了播放流式媒体的高质量视频而专门设计的，它可以利用很窄的带宽，通过帧重建技术压缩和传输数据，以求使用较少的数据获得较佳的图像质量。MPEG-4最有吸引力的地方在于它能够保存接近于DVD画质的小体积视频文件。这种视频格式的文件扩展名包括.asf、.mov、.DivX和.AVI等。

4. H.264格式

H.264是由ISO/IEC与ITU-T组成的联合视频组（JVI）制定的新一代视频压缩编码标准。在ISO/IEC中该标准命名为AVC（Advanced Video Coding），作为MPEG-4标准的第10个选项，在ITU-T中正式命名为H.264标准。

H.264和H.261、H.263一样，也是采用DCT变

换编码加DPCM的差分编码，即混合编码结构。同时，H.264在混合编码的框架下引入新的编辑方式，提高了编辑效率，更贴近实际应用。

H.264没有烦琐的选项，而是力求简洁的"回归基本"。它具有比H.263++更好的压缩性能，又具有适应多种信道的能力。

H.264应用广泛，可满足各种不同速率、不同场合的视频应用，具有良好的抗误码和抗丢包的处理能力。

H.264的基本系统无须使用版权，具有开放的性质，能很好适应IP和无线网络的使用环境，这对目前因特网传输多媒体信息、移动网中传输宽带信息等都具有重要意义。

H.264标准使运动图像压缩技术上升到了一个更高的阶段，在较低带宽上提供高质量的图像传输是H.264的应用亮点。

5. DivX格式

这是由MPEG-4衍生出的另一种视频编码（压缩）标准，也就是通常所说的DVDrip格式，它采用了MPEG-4的压缩算法同时又综合了MPEG-4与MP3各方面的技术，就是使用DivX压缩技术对DVD盘片的视频图像进行高质量压缩，同时用MP3和AC3对音频进行压缩，然后再将视频与音频合成并加上相应的外挂字幕文件而形成的视频格式。其画质接近DVD并且体积只有DVD的数分之一。

6. MOV格式

MOV是由美国Apple公司开发的一种视频格式，默认的播放器是苹果的Quick Time Player。具有较高的压缩比率和较完美的视频清晰度等特点，但是其最大的特点还是跨平台性，即不仅能支持Mac OS，同样也能支持Windows系列。

7. ASF格式

ASF（Advanced Streaming Format），它是微软为了和现在的Real Player竞争而推出的一种视频

格式，用户可以直接使用Windows Media Player对其进行播放。由于它使用了MPEG-4的压缩算法，所以压缩率和图像的质量都很不错。

8. RM格式

Networks公司所制定的音频视频压缩规范，被称为Real Media，用户可以使用RealPlayer和Real One Player对符合Real Media技术规范的网络音频/视频资源进行实时播放，并且Real Media还可以根据不同的网格传输速率制定出不同的压缩比率，从而实现在低速率的网络上进行影像数据实时传送和播放。这种格式的另一个特点是用户使用RealPlayer或Real One Player播放器可以在不下载音频/视频内容的条件下实现在线播放。

9. RMVB格式

这是一种由RM视频格式升级延伸出的新视频格式，它的先进之处在于RMVB视频格式打破了原RM格式那种平均压缩采样的方式，在保证平均压缩比的基础上合理利用比例率资源，即静止和动作场面少的画面场景采用较低的编码速率，这样可以留出更多的带宽空间，而这些带宽会在出现快速运动的画面场景时被利用。这样在保证了静止画面质量的前提下大幅提高运动图像的画面质量，从而使得图像和文件大小之间达到了巧妙的平衡。

1.3.3　常用音频压缩编码格式

1. CD格式

当今音质较好的音频格式是CD。在大多数播放软件的"打开文件类型"中，都可以看到*.cda文件，这就是CD音轨。标准CD格式是44.1kHz的采样频率，速率88kbit/s，16位量化精度。因为CD音轨可以说是近似无损的，因此它的声音是非常接近原声的。

CD光盘可以在CD唱片机中播放，也能用电脑里的各种播放软件来播放。一个CD音频文件是一个*.cda文件，这只是一个索引信息，并不是真正的包含声音信息，所以不论CD音乐长短，在电脑上看到的*.cda文件都是44字节长。

> **提示**
> 不能直接复制CD格式的.cda文件到硬盘上播放，需要使用像EAC这样的抓音轨软件把CD格式的文件转换成WAV格式，如果光盘驱动器质量过关而且EAC的参数设置得当的话，基本上可以无损抓音频，推荐大家使用这种方法。

2. WAV格式

WAV是微软公司开发的一种声音文件格式，它符合RIFF（Resource Interchange File Format）文件规范，用于保存Windows平台的音频资源，由Windows平台及其应用程序所支持。WAV格式支持MSADPCM、CCITT ALAW等多种压缩算法，支持多种音频位数、采样频率和声道，标准格式的WAV文件和CD格式一样，也是44.1kHz的采样频率，速率88 kbit/s，16位量化精度。

3. MP3格式

MP3格式诞生于20世纪80年代的德国，所谓的MP3指的是MPEG标准中的音频部分，也就是MPEG音频层。根据压缩质量和编码处理的不同分为不同的3层，分别对应*.mp1、*.mp2、*.mp3这3种声音文件。

> **提示**
> MPEG音频文件的压缩是一种有损压缩，MPEG3音频编码具有10:1~12:1的高压缩率，同时基本保持低音频部分不失真，但是牺牲了声音文件中12～16kHz高音频这部分的质量来换文件的大小。

相同长度的音乐文件，用MP3格式来存储，存储后一般只有wav格式文件的1/10，而音质次于CD格式或WAV格式的声音文件。

4. MIDI格式

MIDI（Musical Instrument Digital Interface）文件格式由MIDI继承而来，它允许数字合成器和其他设备交换数据。MIDI文件并不是一段录制好的声音，而是记录声音的信息，然后再告诉声卡如何再现音乐的一组指令。这样一个MIDI文件每存储1分钟的音乐只占用大约5~10KB的空间。

MIDI文件主要用于原始乐器作品，流行歌曲的业余表演，游戏音轨以及电子贺卡等。*.mid文件重放的效果完全依赖声卡的档次。*.mid格式的最大用处是在电脑作曲领域。*.mid文件可以用作曲软件写出，也可以通过声卡的MIDI口把外接乐器演奏的乐曲输入电脑里，制成*.mid文件。

5. WMA格式

WMA（Windows Media Audio）格式的音质要强于MP3格式，更远胜于RA格式，它和日本YAMAHA公司开发的VQF格式一样，是以减少数据流量但保持音质的方法来达到比MP3压缩率更高的目的，WMA的压缩率一般都可以达到1:18左右。

WMA格式的另一个优点是内容提供商可以通过DRM（Digital Rights Management）方案如Windows Media Rights Manager 7加入防拷贝保护。这种内置的版权保护技术可以限制播放时间和播放次数，甚至播放的机器等，这对被盗版搅得焦头烂额的音乐公司来说是一个福音，另外WMA格式还支持音频流（Stream）技术，适合在网络上在线播放。

WMA这种格式在录制时可以对音质进行调节。同一格式，音质好的可与CD媲美，压缩率较高的可用于网络广播。

1.3.4　视频输出的设置

按Ctrl+M组合键，弹出"渲染队列"面板，单击"输出组件"选项右侧的"无损"按钮，弹出"输出组件设置"对话框，在这个对话框中可以对视频的输出格式及其相应的编码方式、视频大小、比例以及音频等进行输出设置，如图1-20所示。

设置渲染文件格式　　　　　　　　设置渲染相关参数

图1-20

格式：在文件格式下拉列表中可以选择输出格式和输出图序列，一般使用TGA格式的序列文件，输出样品成片可以使用AVI或MOV格式，输出贴图可以使用TIF或PIC格式。

格式选项：输出图片序列时，可以选择输出颜色位数；输出影片时，可以设置压缩方式和压缩比。

1.3.5　视频文件的打包设置

在一些影视合成或者编辑软件中用到的素材可能分布在硬盘的各个地方，从而导致在另外的设备上打开工程文件的时候，会碰到部分文件丢失的情况。如果要一个一个地去把素材找出来并复制，显然很麻烦，而使用"打包"命令可以自动把文件收集在一个目录中打包。

这里主要介绍After Effects的打包功能。选择"文件 > 收集文件"命令，在弹出的对话框中单击"收集"按钮，完成打包操作，如图1-21所示。

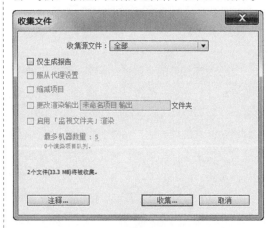

图1-21

第 2 章

图层的应用

本章介绍

　　本章对After Effects中图层的应用与操作进行了详细讲解。读者通过学习本章内容，可以充分理解图层的概念，并能够掌握图层的基本操作方法和使用技巧。

学习目标

◆ 理解图层概念

◆ 熟悉图层的基本操作

◆ 掌握层的5个基本变化属性和关键帧动画

技能目标

◆ 掌握"飞舞组合字"的制作方法

◆ 掌握"宇宙小飞碟"的制作方法

2.1 理解图层概念

在After Effects中无论是创作合成、动画，还是特效处理等操作都离不开图层，因此制作动态影像的第一步就是真正了解和掌握图层。在"时间线"面板中的素材，都是以图层的方式，按照上下位置关系依次排列组合的，如图2-1所示。

图2-1

可以将After Effects软件中的图层想象为一层叠放的透明胶片，上一层有内容的地方将遮盖住下一层的内容，而上一层没有内容的地方则露出下一层的内容，如果上一层的部分处于半透明状态，将依据半透明程度混合显示下层内容，这是图层的最简单、最基本的概念。图层与图层之间还存在更复杂的合成组合关系，如叠加模式、蒙版合成方式等。

2.2 图层的基本操作

图层有改变图层上下顺序、复制层与替换层、给层加标记、让层自动适合合成图像尺寸、层与层对齐和自动分布功能等多种基本操作。

2.2.1 课堂案例——飞舞组合字

案例学习目标：学习使用文字的动画控制器来实现丰富多彩的文字特效动画。

案例知识要点：使用"导入"命令，导入文件；新建合成并命名为"飞舞组合字"，为文字添加动画控制器，同时设置相关的关键帧制作文字飞舞并最终组合效果；为文字添加"斜面Alpha""阴影"命令制作立体效果。飞舞组合字效果如图2-2所示。

效果所在位置：Ch02\飞舞组合字\飞舞组合字.aep。

图2-2

1. 输入文字

（1）按Ctrl+N组合键，弹出"图像合成设置"对话框，在"合成组名称"文本框中输入"飞舞组合字"，其他选项的设置如图2-3所示，单击"确定"按钮，创建一个新的合成"飞舞组合字"。选择"文件 > 导入 > 文件"命令，在弹出的"导入文件"对话框中，选择本书学习资源中的"Ch02\飞舞组合字\ (Footage) \01.jpg"文件，单击"打开"按钮，导入背景图片，如图2-4所示，并将其拖曳到"时间线"面板中。

图2-3　　　　　　　　图2-4

（2）选择"横排文字"工具 T，在"合成"窗口输入文字"达拉加斯极地海洋馆"，在"文字"面板中，设置"填充色"为黄色（其

R、G、B的值分别为255、216、0），其他选项的设置如图2-5所示。"合成"窗口中的效果如图2-6所示。

图2-5　　　　　　　图2-6

（3）选中文字"达拉加斯"，在"文字"面板中设置文字参数，如图2-7所示。"合成"窗口中的效果如图2-8所示。

图2-7　　　　　　　图2-8

（4）选中"文字"层，单击"段落"面板中的"右对齐"按钮▤，如图2-9所示。"合成"窗口中的效果如图2-10所示。

图2-9　　　　　　　图2-10

2. 添加关键帧动画

（1）展开文字层"变换"属性，设置"位置"选项的数值为608、210，如图2-11所示。"合成"窗口中的效果如图2-12所示。

图2-11　　　　　　　图2-12

（2）单击"动画"右侧的按钮⊙，在弹出的选项中选择"定位点"，如图2-13所示。在"时间线"面板中会自动添加一个"动画1"选项，设置"定位点"选项的数值为0、-30，如图2-14所示。

图2-13　　　　　　　图2-14

（3）按照上述方法再添加一个"动画2"选项。单击"动画2"右侧的"添加"按钮⊙，在弹出的菜单中选择"选择 > 摇摆"选项，如图2-15所示，展开"波动选择器1"属性，设置"波动/秒"选项的数值为0，"相关性"选项的数值为73，如图2-16所示。

图2-15　　　　　　　图2-16

（4）再次单击"添加"按钮⊙，添加"位置""缩放""旋转""填充色色调"选项，分别选择后再设定各自的参数值，如图2-17所示。在"时间线"面板中，将时间标签放置在3秒的位置，分别单击这4个选项左侧的"关键帧自动记录器"按钮◔，如图2-18所示，记录第1个关键帧。

图2-17

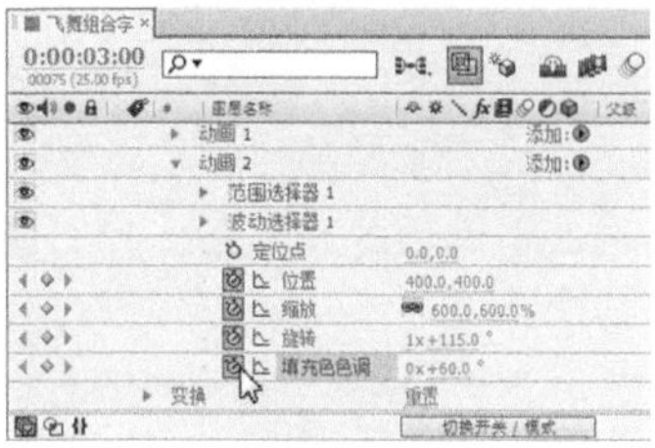

图2-18

（5）在"时间线"面板中，将时间标签放置在4秒的位置，设置"位置"选项的数值为0、0，"缩放"选项的数值为100、100%，"旋转"选项的数值为0、0，"填充色色调"选项的数值为0、0，如图2-19所示，记录第2个关键帧。

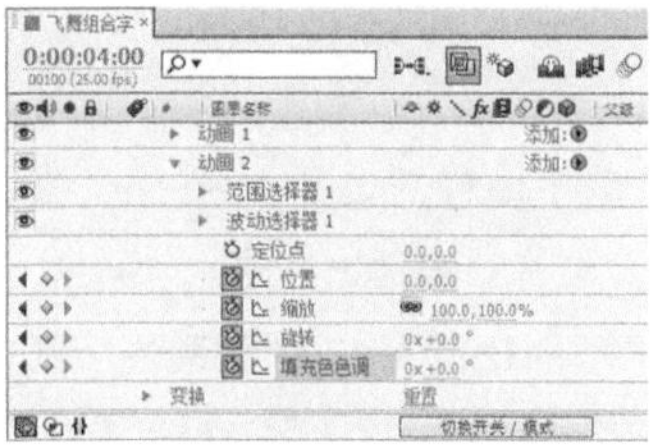

图2-19

（6）展开"波动选择器1"属性，将时间标签放置在0秒的位置，分别单击"时间相位"和"空间相位"选项左侧的"关键帧自动记录器"按钮，记录第1个关键帧。设置"时间相位"选项的数值为2、0，"空间相位"选项的数值为2、0，如图2-20所示。

图2-20

（7）将时间标签放置在1秒的位置，如图2-21所示。在"时间线"面板中，设置"时间相位"选项的数值为2、200，"空间相位"选项的数值为2、150，如图2-22所示，记录第2个关键帧。将时间标签放置在2秒的位置，设置"时间相位"选项的数值为3、160，"空间相位"选项的数值为3、125，如图2-23所示，记录第3个关键帧。将时间标签放置在3秒的位置，设置"时间相位"选项的数值为4、150，"空间相位"选项的数值为4、110，如图2-24所示，记录第4个关键帧。

图2-21

图2-22

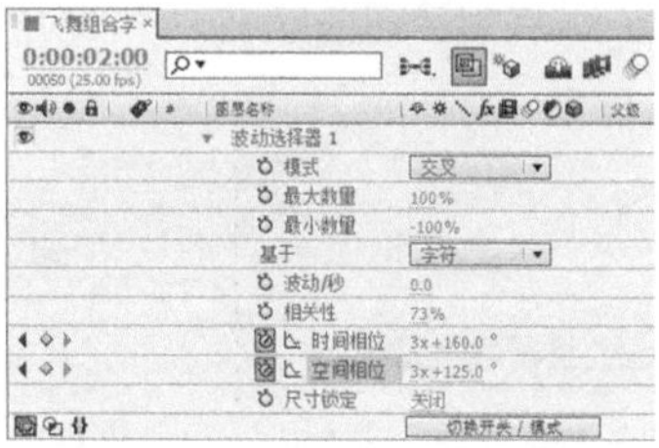

图2-23

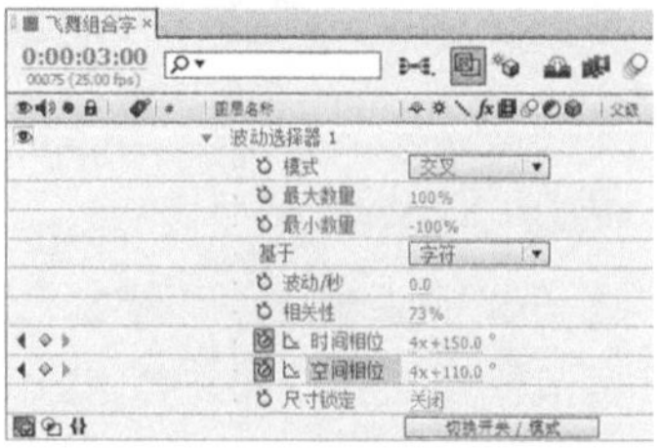

图2-24

3. 添加立体效果

（1）选中"文字"层，选择"效果 > 透视 > 斜面Alpha"命令，在"特效控制台"面板中设置参数，如图2-25所示。"合成"窗口中的效果如图2-26所示。

图2-25　　　　　　　图2-26

（2）选择"效果 > 透视 > 投影"命令，在"特效控制台"面板中设置参数，如图2-27所示。"合成"窗口中的效果如图2-28所示。

图2-27　　　　　　　图2-28

（3）单击"文字"层右侧的"动态模糊"按钮，并开启"时间线"面板上的动态模糊开关，如图2-29所示。飞舞组合字制作完成，如图2-30所示。

图2-29

图2-30

2.2.2 素材放置到"时间线"的多种方式

⊙ 将素材直接从"项目"面板拖曳到"合成"预览窗口中，如图2-31所示，可以决定素材在合成画面中的位置。

⊙ 在"项目"面板拖曳素材到合成层上，如图2-32所示。

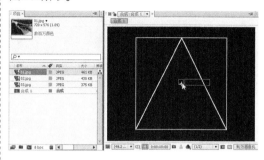

图2-31

图2-32

⊙ 在"项目"面板选中素材，按Ctrl+ / 组合键，将所选素材置入当前"时间线"面板中。

⊙ 将素材从"项目"面板拖曳到"时间线"面板区域，在未松开鼠标时，"时间线"面板中会显示一条灰色线，根据它所在的位置可以决定置入哪一层，如图2-33所示。

⊙ 将素材从"项目"面板拖曳到"时间线"面板，在未松开鼠标时，不仅出现一条灰色线决定置入哪一层，同时还会在时间标尺处显示时间指针决定素材入场的时间，如图2-34所示。

图2-33

图2-34

⊙ 在"项目"面板中双击素材，通过"素材"预览窗口打开素材，单击、两个按钮设置素材的入点和出点，再单击"波纹插入编辑"按钮 或者"覆盖编辑"按钮 插入"时间线"面板，如图2-35所示。

图2-35

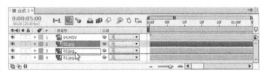

提示

如果是图像素材，将无法出现上述按钮和功能，因此只能对视频素材使用此方法。

2.2.3 改变图层上下顺序

⊙ 在"时间线"面板中选择层，上下拖动到适当的位置，可以改变图层顺序，注意观察灰色水平线的位置，如图2-36所示。

图2-36

⊙ 在"时间线"面板中选择层，通过菜单和快捷键移动上下层位置。

① 选择"图层 > 排列 > 图层移动最前"命令，或按Ctrl+Shift+]组合键将层移到最上方。

② 选择"图层 > 排列 > 图层前移"命令，或按Ctrl+]组合键将层往上移一层。

③ 选择"图层 > 排列 > 图层后移"命令，或按Ctrl+ [组合键将层往下移一层。

④ 选择"图层 > 排列 > 图层移动最后"命令，或按Ctrl+Shift+ [组合键将层移到最下方。

2.2.4 复制层和替换层

1. 复制层

方法一：

⊙ 选中层，选择"编辑 > 复制"命令，或按Ctrl+C组合键复制层。

⊙ 选择"编辑 > 粘贴"命令，或按Ctrl+V组合键粘贴层，粘贴出来的新层将保持开始所选层的所有属性。

方法二：

⊙ 选中层，选择"编辑 > 副本"命令，或按Ctrl+D组合键快速复制层。

2. 替换层

方法一：

⊙ 在"时间线"面板中选择需要替换的层，在"项目"面板中，按住Alt键的同时，拖曳替换的新素材到"时间线"面板，如图2-37所示。

方法二：

⊙ 在"时间线"面板中选择需要替换的层上单击鼠标右键，在弹出菜单中选择"显示项目流程图中的图层"命令，打开"流程图"窗口。

⊙ 在"项目"面板中，拖曳替换的新素材到流程图窗口中目标层图标上方，如图2-38所示。

图2-37

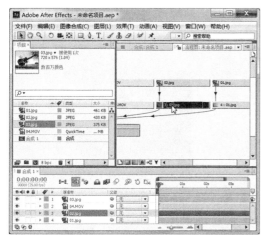

图2-38

2.2.5 给层加标记

标记功能对于声音来说有着特殊的意义，例如，某个高音处，或者某个鼓点处，设置层标记，在整个创作过程中，可以快速而准确地知道某个时间位置发生了些什么。

1. 添加层标记

⊙ 在"时间线"面板中选择层，并移动当前时间标签到指定时间点上，如图2-39所示。

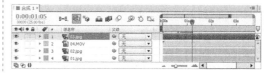

图2-39

⊙ 选择"图层 > 添加标记"命令，或按数字键盘上的 * 键实现层标记的添加操作，如图2-40所示。

图2-40

🔍 提示

在视频创作过程中，视觉画面总是与音乐匹配的，选择背景音乐层，按数字键盘上的0键预听音乐。注意一边听一边在音乐变化时按数字键盘上的 * 键设置标记作为后续动画关键帧的位置参考，停止音乐播放后将呈现所有标记。

按数字键盘上的0键预听音乐的默认时间只有30秒，可以选择"编辑 > 首选项 >预览"命令，弹出"首选项"对话框，调整"音频预演"设置中的"持续时间"选项，延长音频预听时间，如图2-41所示。或选择"图像合成 > 预览 > 音频预演（从当前处开始）"命令，或"图像合成 > 预览 > 音频预演（工作区域栏）"命令，延长音频预览时间。

图2-41

2. 修改层标记

单击并拖曳层标记到新的时间位置上即可；或双击层标记，弹出"图层标记"对话框，并在"时间"文本框中输入目标时间，精确修改层标记的时间位置，如图2-42所示。

图2-42

另外，为了更好地识别各个标记，可以给标记添加注释。双击标记，弹出"图层标记"对话框，在"注释"文本框中输入说明文字，例如"更改从此处开始"，如图2-43所示。

图2-43

3. 删除层标记

⊙ 在目标标记上单击鼠标右键，在弹出的菜单中选择"删除这个标记"或者"删除所有标记"命令。

⊙ 按住Ctrl键的同时，将鼠标指针移至标记处，鼠标指针变为 ✂ （剪刀）符号时，单击鼠标即可删除标记。

2.2.6　让层自动适合合成图像尺寸

⊙ 选择图层，选择"图层 > 变换 > 适配到合成"命令，或按Ctrl+Alt+F组合键实现层尺寸完全配合图像尺寸，如果层的长宽比与合成图像长宽比不一致，将导致层图像变形，如图2-44所示。

⊙ 选择"图层 > 变换 > 适配为合成宽度"命令，或按Ctrl+Alt+Shift+H组合键实现层宽与合成图像宽适配命令，如图2-45所示。

⊙ 选择"图层 > 变换 > 适配为合成高度"命令，或按Ctrl+Alt+Shift+G组合键实现层高与合成图像高适配命令，如图2-46所示。

图2-44　　　　　　　图2-45

图2-46

2.2.7　层与层对齐和自动分布功能

选择"窗口 > 对齐"命令，弹出"对齐"面板，如图2-47所示。

"对齐"面板上的按钮第一行从左到右分别为："水平方向左对齐"按钮、"水平方向居中"按钮、"水平方向右对齐"按钮、"垂直方向上对齐"按钮、"垂直方向居中"按钮、"垂直方向下对齐"按钮。第二行从左到右分别为："垂直方向上分布"按钮、"垂直方向居中分布"按钮、"垂直方向下分布"按钮、"水平方向左分布"按钮、"水平方向居中分布"按钮和"水平方向右分布"按钮。

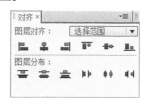

图2-47

⊙ 在"时间线"面板，同时选中1~4层所有文本层，选择第1层，按住Shift键的同时选择第4层，如图2-48所示。

⊙ 单击"对齐"面板中的"水平方向居中"

按钮，将所选中的层水平居中对齐；再次单击"垂直方向居中分布"按钮，以"合成"预览窗口画面位置最上层和最下层为基准，平均分布中间两层，达到垂直间距一致，如图2-49所示。

图2-48

图2-49

2.3 层的5个基本变化属性和关键帧动画

在After Effects中，层的5个基本变化属性分别是定位点、位置、缩放、旋转和透明度。下面将对这5个基本变化属性和关键帧动画进行讲解。

2.3.1 课堂案例——宇宙小飞碟

案例学习目标：学习使用层的5个属性和关键帧动画。

案例知识要点：使用"导入"命令，导入素材；使用"缩放"和"位置"选项制作小飞碟动画；使用"阴影"命令制作投影效果。宇宙小飞碟效果如图2-50所示。

效果所在位置：Ch02\宇宙小飞碟\宇宙小飞碟.aep。

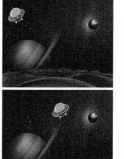
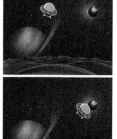

图2-50

（1）按Ctrl+N组合键，弹出"图像合成设置"对话框，在"合成组名称"文本框中输入"宇宙小飞碟"，其他选项的设置如图2-51所示，单击"确定"按钮，创建一个新的合成"宇宙小飞碟"。选择"文件 > 导入 > 文件"命令，在弹出的"导入文件"对话框中，选择本书学习资源中的"Ch02\宇宙小飞碟\ (Footage)\01.jpg、02.png"文件，如图2-52所示，单击"打开"按钮，将图片导入"项目"面板。

图2-51

图2-52

（2）在"项目"面板中选中"01.jpg"和"02.png"文件，并将其拖曳到"时间线"面板中，如图2-53所示。"合成"窗口中的效果如图2-54所示。

图2-53

图2-54

（3）选中"02.png"层，按S键，展开"缩放"属性，设置"缩放"选项的数值为46、46%，如图2-55所示。"合成"窗口中的效果如图2-56所示。

图2-55

图2-56

（4）按P键，展开"位置"属性，设置"位置"选项的数值为-51、168，如图2-57所示。"合成"窗口中的效果如图2-58所示。

图2-57

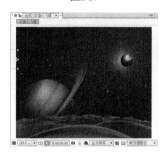

图2-58

（5）在"时间线"面板中，单击"位置"选项左侧的"关键帧自动记录器"按钮 ☼，如图2-59所示，记录第1个关键帧。将时间标签放置在12秒的位置，在"时间线"面板中，设置"位置"选项的数值为803、214，如图2-60所示，记录第2个关键帧。

图2-59

图2-60

（6）将时间标签放置在2秒的位置，选择"选择"工具 ▶，在"合成"窗口中选中飞碟，将其拖动到如图2-61所示的位置，记录第3个关键帧。将时间标签放置在4秒的位置，在"合成"

窗口中，将飞碟拖动到如图2-62所示的位置，记录第4个关键帧。

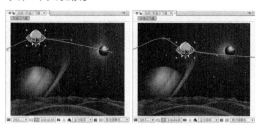

图2-61　　　　　　图2-62

（7）将时间标签放置在6秒的位置，在"合成"窗口中，将飞碟拖动到如图2-63所示的位置，记录第5个关键帧。将时间标签放置在8秒的位置，在"合成"窗口中，将飞碟拖动到如图2-64所示的位置，记录第6个关键帧。

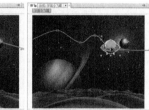

图2-63　　　　　　图2-64

（8）将时间标签放置在10秒的位置，在"合成"窗口中，将飞碟拖动到如图2-65所示的位置，记录第7个关键帧。

（9）选择"图层 > 变换 > 自动定向"命令，弹出"自动定向"对话框，如图2-66所示，选择"沿路径方向设置"选项，如图2-67所示，单击"确定"按钮，对象沿路径的角度变换。宇宙小飞碟制作完成，如图2-68所示。

图2-65

图2-66　　　　　　图2-67

图2-68

图2-70

图2-71　　　　　　图2-72

图2-73

2.3.2　了解层的5个基本变化属性

除了单独的音频层以外，各类型层至少有5个基本变化属性，它们分别是定位点、位置、缩放、旋转和透明度。可以通过单击"时间线"面板中层色彩标签前面的小三角形按钮▶展开变换属性标题，再次单击"变换"左侧的小三角形按钮▶，展开其各个变换属性的具体参数，如图2-69所示。

图2-69

1. 定位点属性

无论一个层的面积多大，当其位置移动、旋转和缩放时，都是依据一个点来操作的，这个点就是定位点。

选择需要的层，按A键，展开"定位点"属性，如图2-70所示。以定位点为基准，如图2-71所示。旋转操作如图2-72所示，缩放操作如图2-73所示。

2. 位置属性

选择需要的层，按P键，展开"位置"属性，如图2-74所示。以定位点为基准，如图2-75所示，在层的"位置"属性后方的数字上拖曳鼠标指针（或单击输入需要的数值），如图2-76所示。松开鼠标，效果如图2-77所示。

图2-74

图2-75

图2-76

图2-77

普通二维层的位置属性由x轴向和y轴向两个参数组成，如果是三维层则由x轴向、y轴向和z轴向3个参数组成。

> 🔍 **提示**
>
> 在制作位置动画时，为了保持移动时的方向性，可以通过选择"图层 > 变换 > 自动定向"命令，弹出"自动定向"对话框，选择"沿路径方向设置"选项。

3. 缩放属性

选择需要的层，按S键，展开"缩放"属性，如图2-78所示。以定位点为基准，如图2-79所示，在层的"缩放"属性后方的数字上拖曳鼠标指针（或单击输入需要的数值），如图2-80所示。松开鼠标，效果如图2-81所示。

普通二维层的缩放属性由x轴向和y轴向两个参数组成，如果是三维层则由x轴向、y轴向和z轴向3个参数组成。

图2-78

图2-79

图2-80

图2-81

4. 旋转属性

选择需要的层，按R键，展开"旋转"属性，如图2-82所示。以定位点为基准，如图2-83所示，在层的"旋转"属性后方的数字上拖曳鼠标指针

图2-82

图2-83

（或单击输入需要的数值），如图2-84所示。松开鼠标，效果如图2-85所示。普通二维层旋转属性由圈数和度数两个参数组成，例如"1×+180°"。

图2-84

图2-85

如果是三维层，旋转属性将增加为3个：方向可以同时设定x、y、z3个轴向，X 轴旋转仅调整x轴向旋转，Y 轴旋转仅调整y轴向旋转，Z 轴旋转仅调整z轴向旋转，如图2-86所示。

图2-86

5. 透明度属性

选择需要的层，按T键，展开"透明度"属性，如图2-87所示。以定位点为基准，如图2-88所示，在层的"透明度"属性后方的数字上拖曳鼠标指针（或单击输入需要的数值），如图2-89所示。松开鼠标，效果如图2-90所示。

图2-87

图2-88

图2-89

图2-90

> **提示**
>
> 按住Shift键的同时按下显示各属性的快捷键，可以达到自定义组合显示属性的目的。例如，只想看见层的"位置"和"透明度"属性，可以通过选取图层之后，按P键，展开"位置"属性，然后再按住Shift键的同时，按T键完成，如图2-91所示。
>
>
>
> 图2-91

2.3.3　利用位置属性制作位置动画

选择"文件 > 打开项目"命令，或按Ctrl+O组合键，弹出"打开"对话框，选择本书学习资源中的"基础素材 > Ch02 > 空中飞机

> 01.aep"文件,如图2-92所示,单击"打开"按钮,打开此文件。

图2-92

在"时间线"面板中选中"02.png"层,按P键,展开"位置"属性,确定当前时间标签处于0秒的位置,调整"位置"属性的x值和y值分别为641和106,如图2-93所示;或选择"选择"工具▶,在"合成"窗口中将"黄色飞机"图形移动到画面的右上方位置,如图2-94所示。单击"位置"属性名称左侧的"关键帧自动记录器"按钮⏱,开始自动记录位置关键帧信息。

图2-93

图2-94

提示

按Alt+Shift+P组合键也可以实现上述操作,此快捷键可以实现在任意地方添加或删除位置属性关键帧的操作。

移动当前时间标签到14秒的位置,调整"位置"属性的x值和y值分别为110和88,或选择"选择"工具▶,在"合成"窗口中将"黄色飞机"图形移动到画面的左上方位置,在"时间线"面板当前时间下,"位置"属性将自动添加一个关键帧,如图2-95所示;并在"合成"窗口中显示动画路径,如图2-96所示。按0键,进行动画内存预览。

图2-95

图2-96

1. 手动方式调整"位置"属性

⊙ 选择"选择"工具▶,直接在"合成"窗口中拖动层。

⊙ 在"合成"窗口中拖动层时,按住Shift键,以水平或垂直方向移动层。

⊙ 在"合成"窗口中拖动层时,按住Alt+Shift组合键,将使层的边逼近合成图像边缘。

⊙ 以一个像素点移动层可以使用上、下、左、右4个方向键实现;以10个像素点移动可以在按住Shift键的同时按上、下、左、右四个方向键实现。

2. 数字方式调整"位置"属性

⊙ 当光标呈现 形状时，在参数值上按下鼠标左键并左右拖动鼠标可以修改值。

⊙ 单击参数将会出现输入框，可以在其中输入具体数值。输入框也支持加减法运算，例如可以输入"+20"，在原来的轴向值上加上20个像素，如图2-97所示；如果是减法，则输入"360-20"。

⊙ 在属性标题或参数值上单击鼠标右键，在弹出的菜单中，选择"编辑数值"命令，或按Ctrl+Shift+P组合键，弹出"位置"对话框。在该对话框中可以调整具体参数值，并且可以选择调整所依据的尺寸，如像素、英寸、毫米、%（源百分比）、%（合成百分比），如图2-98所示。

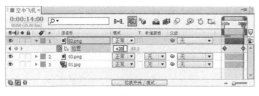

图2-97

图2-98

2.3.4 加入"缩放"动画

在"时间线"面板中，选中"02.png"层，在按住Shift键的同时，按S键，展开"缩放"属性，如图2-99所示。

图2-99

将时间标签放在0秒的位置，在"时间线"面板中，单击"缩放"属性名称左侧的"关键帧自动记录器"按钮 ，开始记录缩放关键帧信息，如图2-100所示。

🔎 提示

按Alt+Shift+S组合键也可以实现上述操作，此快捷键还可以实现在任意地方添加或删除缩放属性关键帧的操作。

图2-100

移动当前时间标签到14秒的位置，将x轴向和y轴向缩放值都调整为80%，或者选择"选择"工具 ，在"合成"窗口中拖曳层边框上的变换框进行缩放操作，如果同时按Shift键则可以实现等比缩放，还可以观察"信息"面板和"时间线"面板中的"缩放"属性了解表示具体缩放程度的数值，如图2-101所示。"时间线"面板当前时间下的"缩放"属性会自动添加一个关键帧，如图2-102所示。按0键，预览动画内存。

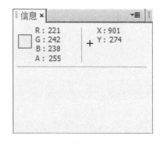

图2-101

图2-102

1. 手动方式调整"缩放"属性

⊙ 选择"选择"工具🔁，直接在"合成"窗口中拖曳层边框上的变换框进行缩放操作，如果同时按住Shift键，则可以实现等比例缩放。

⊙ 可以通过按住Alt键的同时按 +（加号）键实现以1%递增缩放百分比，也可以通过按住Alt键的同时按 -（减号）键实现以1%递减缩放百分比；如果要以10%为递增或者递减调整，只需要在按下上述快捷键的同时再按Shift键即可，例如Shift+Alt+ - 组合键。

2. 数字方式调整"缩放"属性

⊙ 当光标呈现🖐形状时，在参数值上按下鼠标左键并左右拖动鼠标可以修改缩放值。

⊙ 单击参数将会弹出输入框，可以在其中输入具体数值。输入框也支持加减法运算，例如，可以输入"+3"，在原有的值上加上3%，如果是减法，则输入"80-3"，如图2-103所示。

⊙ 在属性标题或参数值上单击鼠标右键，在弹出的菜单中选择"编辑数值"命令，在弹出的"缩放比例"对话框中进行设置，如图2-104所示。

图2-103

图2-104

🔍 提示

如果使缩放值变为负值，将实现图像翻转特效。

2.3.5　制作"旋转"动画

在"时间线"面板中，选择"02.png"层，在按住Shift键的同时，按R键，展开"旋转"属性，如图2-105所示。

将时间标签放置在0秒的位置，单击"旋转"属性名称左侧的"关键帧自动记录器"按钮⏱，开始记录旋转关键帧信息。

🔍 提示

按Alt+Shift+R组合键也可以实现上述操作，此快捷键还可以实现在任意地方添加或删除旋转属性关键帧的操作。

图2-105

移动当前时间标签到14秒的位置，调整"旋转"属性值为"0 × +180°"，旋转半圈，如图2-106所示；或者选择"旋转"工具⟳，在"合成"窗口中以顺时针方向旋转图层，同时可以观察"信息"面板和"时间线"面板中的"旋转"属性了解具体旋转圈数和度数，效果如图2-107所示。按0键，预览动画内存。

图2-106

图2-107

1. 手动方式调整"旋转"属性

⊙ 选择"旋转"工具，在"合成"窗口中以顺时针方向或者逆时针方向旋转图层，如果同时按住Shift键，将以45°为调整幅度。

⊙ 可以通过数字键盘的+（加号）键实现以1°顺时针方向旋转层，也可以通过数字键盘的-（减号）键实现以1°逆时针方向旋转层；如果要以10°旋转调整层，只需要在按下上述快捷键的同时再按下Shift键即可，例如Shift+数字键盘的-组合键。

2. 数字方式调整"旋转"属性

⊙ 当光标呈现形状时，在参数值上按下鼠标左键并左右拖动鼠标可以修改。

⊙ 单击参数将会弹出输入框，可以在其中输入具体数值。输入框也支持加减法运算，例如可以输入"+2"，在原有的值上加上2°或者2圈（取决于在度数输入框还是在圈数输入框中输入）；如果是减法，则输入"45-10"。

⊙ 在属性标题或参数值上单击鼠标右键，在弹出的菜单中选择"编辑数值"命令，或按Ctrl+Shift+R组合键，在弹出的"旋转"对话框中调整具体参数值，如图2-108所示。

图2-108

2.3.6　了解"定位点"的功用

在"时间线"面板中，选择"02.png"层，在按住Shift键的同时，按A键，展开"定位点"属性，如图2-109所示。

图2-109

将"定位点"属性中的第一个值改为0，或者选择"定位点"工具，在"合成"窗口中单击并移动定位点，同时观察"信息"面板和"时间线"面板中的"定位点"属性值了解具体位置移动参数，如图2-110所示。按0键，预览动画内存。

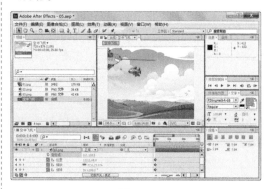

图2-110

🔍 **提示**

定位点的坐标是相对于层的，而不是相对于合成图像的。

1. 手动方式调整"定位点"

⊙ 选择"定位点"工具，在"合成"窗口单击并移动轴心点。

⊙ 在"时间线"面板中双击层，将层的"图层"预览窗口打开，选择"选择"工具或者选择"定位点"工具，单击并移动轴心点，如图2-111所示。

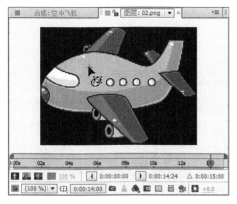

图2-111

2. 数字方式调整"定位点"

⊙ 当光标呈现形状时，在参数值上按下鼠标左键并左右拖动鼠标可以修改。

⊙ 单击参数将会弹出输入框，可以在其中输入具体数值。输入框也支持加减法运算，例如可以输入"+30"，在原有的值上加上30像素；如果是减法，则输入"360-30"。

⊙ 在属性标题或参数值上单击鼠标右键，在弹出的菜单中选择"编辑数值"命令，在弹出的"定位点"对话框中调整具体参数值，如图2-112所示。

图2-112

2.3.7 添加透明度动画

在"时间线"面板中，选择"02.png"层，在按住Shift键的同时，按T键，展开"透明度"属性，如图2-113所示。

图2-113

将时间标签放置在0秒的位置，将"透明度"属性值调整为100%，使层完全透明。单击"透明度"属性名称左侧的"关键帧自动记录器"按钮 ⌚，开始记录透明关键帧信息。

> 🔍 **提示**
>
> 按Alt+Shift+T组合键也可以实现上述操作，此快捷键还可以实现在任意地方添加或删除透明度属性关键帧的操作。

移动当前时间标签到14秒的位置，调整"透明度"属性值为0%，使层完全透明，注意观察"时间线"面板，当前时间下的"透明度"属性会自动添加一个关键帧，如图2-114所示。按0键，预览动画内存。

图2-114

数字方式调整"透明度"属性

⊙ 当光标呈现形状时，在参数值上按下鼠标左键并左右拖动鼠标可以修改。

⊙ 单击参数将会弹出输入框，可以在其中输入具体数值。输入框也支持加减法运算，例如可以输入"+20"，就是在原有的值上增加20%；如果是减法，则输入"100-20"。

⊙ 在属性标题或参数值上单击鼠标右键，在弹出的菜单中选择"编辑数值"命令或按Ctrl+Shift+O组合键，在弹出的"透明度"对话框中调整具体参数值，如图2-115所示。

图2-115

课堂练习——运动的线条

练习知识要点： 使用"粒子运动""转换""快速模糊"命令，制作线条效果；使用"缩放"属性，制作缩放效果。运动的线条效果如图2-116所示。

效果所在位置： Ch02\运动的线条\运动的线条.aep。

图2-116

课后习题——闪烁的星星

练习知识要点： 使用"导入"命令，导入素材；使用"缩放"和"位置"选项，制作星星和月亮动画。闪烁的星星效果如图2-117所示。

效果所在位置： Ch02\闪烁的星星\闪烁的星星.aep。

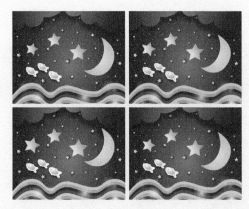

图2-117

第 3 章

制作遮罩动画

本章介绍

 本章主要讲解了遮罩的功能，其中包括遮罩设计图形、调整遮罩图形形状、遮罩的变换、应用多个遮罩、编辑遮罩的多种方式等。通过学习本章内容，读者可以掌握遮罩的使用方法和应用技巧，并通过遮罩功能制作出绚丽的视频效果。

学习目标

◆ 初步了解遮罩
◆ 掌握设置遮罩的方法
◆ 了解遮罩的基本操作方法

技能目标

◆ 掌握"粒子文字"的制作方法
◆ 掌握"粒子破碎效果"的制作方法

3.1 初步了解遮罩

遮罩其实就是一个封闭的贝塞尔曲线所构成的路径轮廓，轮廓之内或之外的区域就是抠像的依据，如图3-1所示。

> **🔍提示**
> 虽然遮罩是由路径组成的，但是千万不要误认为路径只是用来创建遮罩的，它还可以用在描绘勾边特效处理、沿路径制作动画特效等方面。

图3-1

3.2 设置遮罩

通过设置遮罩，可以将两个以上的图层合成并制作出一个新的画面。遮罩可以在"合成"窗口中进行调整，也可以在"时间线"面板中调整。

3.2.1 课堂案例——粒子文字

案例学习目标：学习使用Particular粒子属性控制和调整遮罩图形。

案例知识要点：建立新的合成并命名；使用"横排文字"工具，输入并编辑文字；使用"卡通"命令，制作背景效果；将多个合成拖曳到"时间线"面板中，编辑形状蒙版。粒子文字效果如图3-2所示。

效果所在位置：Ch03\粒子文字\粒子文字.aep。

图3-2

1. 输入文字

（1）按Ctrl+N组合键，弹出"图像合成设置"对话框，在"合成组名称"文本框中输入"文字"，其他选项的设置如图3-3所示，单击"确定"按钮，创建一个新的合成"文字"。

图3-3

（2）选择"横排文字"工具 T，在"合成"窗口输入英文"AETRE EFFECTS"，选中英文，在"文字"面板中，设置"填充色"为黄色（其R、G、B的值分别为255、228、0），其他参数设置如

图3-4所示。"合成"窗口中的效果如图3-5所示。

图3-4   图3-5

（3）再次创建一个新的合成并命名为"粒子文字"，如图3-6所示。选择"文件 > 导入 > 文件"命令，在弹出的"导入文件"对话框中，选择本书学习资源中的"Ch03\粒子文字\ (Footage)\01.jpg"文件，单击"打开"按钮，导入"01.jpg"文件，并将其拖曳到"时间线"面板中。选中"01.jpg"层，选择"效果 > 风格化 > 卡通"命令，在"特效控制台"面板中进行参数设置，如图3-7所示。"合成"窗口中的效果如图3-8所示。

图3-6

图3-7   图3-8

（4）在"项目"面板中，选中"文字"合成并将其拖曳到"时间线"面板中，单击"文字"层左侧的眼睛按钮 👁，关闭该层的可视性，如图3-9所示。单击"文字"层右侧的"3D图层"按钮 ⬢，打开三维属性，如图3-10所示。

图3-9   图3-10

2. 制作粒子

（1）在当前合成中建立一个新的黑色固态层"粒子1"。选中"粒子1"层，选择"效果 > Trapcode > Particular"命令，展开"Emitter"属性，在"特效控制台"面板中进行参数设置，如图3-11所示。展开"Particle"属性，在"特效控制台"面板中进行参数设置，如图3-12所示。

图3-11   图3-12

（2）展开"Physics"选项下的"Air"属性，在"特效控制台"面板中进行参数设置，如图3-13所示。展开"Turbulence Field"属性，在"特效控制台"面板中进行参数设置，如图3-14所示。

（3）展开"Rendering"选项下的"Motion Blur"属性，单击"Motion Blur"右边的按钮，在弹出的下拉菜单中选择"On"，如图3-15所示。设置完毕后，"时间线"面板中自动添加一个灯光层，如图3-16所示。

图3-13　　　　　　图3-14

图3-15

图3-16

（4）选中"粒子1"层，在"时间线"面板中，将时间标签放置在0秒的位置。在"时间线"面板中，展开"效果"属性，分别单击"Emitter"下的"Particles/sec"选项、"Physics/Air"下的"Spin Amplitude"选项、"Turbulence Field"下的"Affect Size"和"Affect Position"选项前面的"关键帧自动记录器"按钮 ，如图3-17所示，记录第1个关键帧。

（5）将时间标签放置在1秒的位置。在"时间线"面板中，设置"Particles/sec"选项的数值为0，"Spin Amplitude"选项的数值为20，"Affect Size"选项的数值为20，"Affect Position"选项的数值为500，如图3-18所示，记录第2个关键帧。

图3-17　　　　　　图3-18

（6）将时间标签放置在3秒的位置，设置"Particles/sec"选项的数值为0，"Spin Amplitude"选项的数值为10，"Affect Size"选项的数值为5，"Affect Position"选项的数值为5，如图3-19所示，记录第3个关键帧。

图3-19

3. 制作形状蒙版

（1）在"项目"面板中，选中"文字"合成并将其拖曳到"时间线"面板中，如图3-20所示。将时间标签放置在2秒的位置，按Alt+ [组合键设置动画的入点，如图3-21所示。

图3-20

图3-21

（2）选中"图层1"层，如图3-22所示。选择"矩形遮罩"工具 ，在"合成"窗口中拖曳鼠标绘制一个矩形遮罩，如图3-23所示。

图3-22　　　　　　　图3-23

（3）选中"图层1"层，按M键，展开"遮罩"属性。单击"遮罩形状"选项左侧的"关键帧自动记录器"按钮，记录第1个"遮罩形状"关键帧，如图3-24所示。将时间标签放置在4秒的位置，选择"选择"工具，在"合成"窗口中同时选中"遮罩形状"右侧的两个控制点，将控制点向右拖曳到如图3-25所示的位置，在4秒的位置再次记录1个关键帧。

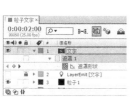 

图3-24　　　　　　　图3-25

（4）在当前合成中建立一个新的黑色固态层"粒子2"。选中"粒子2"层，选择"效果 > Trapcode > Particular"命令，展开"Emitter"属性，在"特效控制台"面板中进行参数设置，如图3-26所示。展开"Particle"属性，在"特效控制台"面板中进行参数设置，如图3-27所示。

图3-26　　　　　　　图3-27

（5）展开"Physics"属性，设置"Gravity"选项的数值为-100，展开"Air"属性，在"特效控制台"面板中进行参数设置，如图3-28所示。展开"Turbulence Field"属性，在"特效控制台"面板中进行参数设置，如图3-29所示。

（6）展开"Rendering"选项下的"Motion Blur"属性，单击"Motion Blur"右边的按钮，在弹出的下拉菜单中选择"On"，如图3-30所示。

图3-28　　　　　　　图3-29

图3-30

（7）将时间标签放置在0秒的位置，展开"效果"属性，分别单击"Emitter"下的"Particles/sec"和"Position XY"选项左侧的"关键帧自动记录器"按钮，记录第1个关键帧，如图3-31所示。将时间标签放置在2秒的位置，设置"Particles/sec"选项的数值为5000，"Position XY"选项的数值为120、280，如图3-32所示，记录第2个关键帧。

图3-31

图3-32

（8）将时间标签放置在3秒的位置，设置"Particles/sec"选项的数值为0，"Position XY"选项的数值为600、280，如图3-33所示，记录第3个关键帧。

（9）粒子文字制作完成，如图3-34所示。

图3-33

图3-34

3.2.2　使用遮罩设计图形

（1）在"项目"面板中单击鼠标右键，在弹出的列表中选择"新建合成组"命令，弹出"图像合成设置"对话框，在"合成组名称"文本框中输入"遮罩"，其他选项的设置如图3-35所示，设置完成后，单击"确定"按钮。

（2）在"项目"面板中双击鼠标左键，在弹出的"导入文件"对话框中，选择本书学习资源中的"基础素材 > Ch03 > 02.jpg~ 05.jpg"文件，单击"打开"按钮，文件被导入"项目"面板中，如图3-36所示。

图3-35

图3-36

（3）在"时间线"面板中，单击"图层1"层和"图层2"层左侧的眼睛按钮👁，将其隐藏，如图3-37所示。选中"图层3"层，选择"椭圆形遮罩"工具◉，在"合成"窗口中拖曳鼠标指针绘制椭圆形遮罩，效果如图3-38所示。

图3-37　　　　　　　图3-38

（4）选中"图层2"层，并单击此层左侧的方框，显示图层，如图3-39所示。选择"星形"工具☆，在"合成"窗口中拖曳鼠标指针绘制星形遮罩，效果如图3-40所示。

（5）选中"图层1"层，并单击此层左侧的方框，显示图层，如图3-41所示。选择"钢笔"
工具✎，在"合成"窗口进行绘制轮廓，如图
3-42所示。

图3-39　　　　　　　　图3-40

图3-41　　　　　　　　图3-42

3.2.3　调整遮罩图形形状

选择"钢笔"工具✎，在"合成"窗口中
绘制遮罩图形，如图3-43所示。使用"顶点转
换"工具▷。单击一个节点，则该节点处的线
段转换为折角；在节点处拖曳鼠标指针可以拖
出调节手柄，拖动调节手柄，可以调整线段的弧
度，如图3-44所示。

图3-43　　　　　　　　图3-44

使用"顶点添加"工具✎和"顶点清除"
工具✎添加或删除节点。选择"顶点添加"工具
✎，将鼠标指针移动到需要添加节点的线段处单
击鼠标，则该线段会添加一个节点，如图3-45所
示；选择"顶点清除"工具✎，单击任意节点，
则节点被删除，如图3-46所示。

图3-45　　　　　　　　图3-46

3.2.4　遮罩的变换

在遮罩边线上双击鼠标，会创建一个遮罩控
制框，将鼠标指针移动到边框的右上角，出现旋
转光标↖，拖动鼠标可以对整个遮罩图形进行旋
转，如图3-47所示；将鼠标指针移动到边线中心
点的位置，出现双向箭头↕时，拖动鼠标，可以调
整该边框的位置，如图3-48所示。

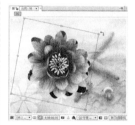

图3-47　　　　　　　　图3-48

3.2.5　应用多个遮罩

在"项目"面板中双击鼠标左键，在弹出的
"导入文件"对话框中，选择本书学习资源中的
"基础素材 > Ch03 > 08.jpg~ 10.jpg"文件，单击
"打开"按钮，文件被导入"项目"面板中，将
其拖曳至"时间线"面板中，如图3-49所示。

图3-49

在"时间线"面板中将"图层1"层隐藏，选中"图层2"层。选择"钢笔"工具，在图片上绘制遮罩图形，利用键盘上的方向键微调遮罩的位置，如图3-50所示。

在"合成"窗口中单击鼠标右键，在弹出的菜单中选择"遮罩 > 遮罩羽化"命令，弹出"遮罩羽化"对话框，将"水平方向"和"垂直方向"的羽化值均设为50，如图3-51所示。单击"确定"按钮完成羽化设置，效果如图3-52所示。

图3-53 　　　　　　　　　图3-54

图3-55

图3-50 　　　　　　　　　图3-51

选择"选择"工具，双击心形遮罩边线，创建遮罩调节框，单击鼠标右键，在弹出的菜单中选择"遮罩 >模式 > 添加"命令，显示遮罩，效果如图3-57所示。

图3-52

图3-56 　　　　　　　　　图3-57

在遮罩边线上双击鼠标，创建遮罩调节框，单击鼠标右键，在弹出的菜单中选择"遮罩 > 模式 > 无"命令，隐藏遮罩，效果如图3-53所示。

显示并选中"图层1"层。选择"椭圆形遮罩"工具，绘制椭圆形遮罩图形，如图3-54所示。双击遮罩边线，在"合成"窗口中单击鼠标右键，在弹出的菜单中选择"遮罩 > 遮罩羽化"命令，弹出"遮罩羽化"对话框，将"水平方向"和"垂直方向"的羽化值均设为100，如图3-55所示。单击"确定"按钮完成羽化设置，效果如图3-56所示。

在"时间线"面板中，将时间标签放置在0秒的位置，选择"图层1"层，按T键，展开"透明度"属性，调整透明度值为0%，单击"透明度"选项左侧的"关键帧自动记录器"按钮，记录第1个关键帧，如图3-58所示。将时间标签拖曳到出点的位置，设置"透明度"选项的数值为100，如图3-59所示，记录第2个关键帧。

图3-58

图3-59

动画设置完成后，按0键开始预览动画效果，如图3-60和图3-61所示。

图3-60　　　　　　　　　图3-61

3.3　遮罩的基本操作

在After Effects中，可以使用多种方式来编辑遮罩，还可以在时间轴面板中调整遮罩的属性，用遮罩制作动画。下面对这些遮罩的基本操作进行详细讲解。

3.3.1　课堂案例——粒子破碎效果

案例学习目标：学习使用遮罩操作。

案例知识要点：使用"渐变"命令制作渐变效果；使用"矩形遮罩"工具制作遮罩效果；使用"碎片"命令制作图片粒子破碎效果。粒子破碎效果如图3-62所示。

效果所在位置：Ch03\粒子破碎效果\粒子破碎效果.aep。

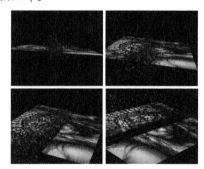

图3-62

（1）按Ctrl+N组合键，弹出"图像合成设置"对话框，在"合成组名称"文本框中输入"渐变条"，其他选项的设置如图3-63所示，单击"确定"按钮，创建一个新的合成"渐变条"。选择"图层 > 新建 > 固态层"命令，弹出"固态层设置"对话框，在"名称"文本框中

输入"渐变条"，将"颜色"设置为黑色，单击"确定"按钮，在"时间线"面板中新增一个黑色固态层，如图3-64所示。

图3-63

（2）选中"渐变条"层，选择"效果 > 生成 > 渐变"命令，在"特效控制台"面板中，设置"开始色"为黑色，"结束色"为白色，其他参数设置如图3-65所示，设置完成后，合成窗口中的效果如图3-66所示。选择"矩形遮罩"工具▣，在"合成"窗口中拖曳鼠标指针绘制一个矩形遮罩，如图3-67所示。

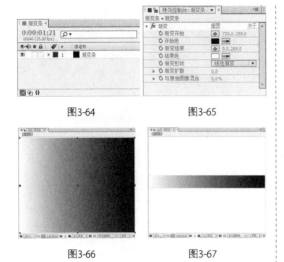

图3-64　　　　　　　图3-65

图3-66　　　　　　　图3-67

（3）按Ctrl+N组合键，弹出"图像合成设置"对话框，在"合成组名称"文本框中输入"噪波"，单击"确定"按钮，创建一个新的合成"噪波"。选择"图层 > 新建 > 固态层"命令，弹出"固态层设置"对话框，在"名称"文本框中输入"噪波"，将"颜色"设置为黑色，单击"确定"按钮，在"时间线"面板中新增一个黑色固态层。选中"噪波"层，选择"效果 > 杂波与颗粒 > 杂波"命令，在"特效控制台"面板中设置参数，如图3-68所示。"合成"窗口中的效果如图3-69所示。

图3-68　　　　　　　图3-69

（4）按Ctrl+N组合键，弹出"图像合成设置"对话框，在"合成组名称"文本框中输入"图片"，单击"确定"按钮，创建一个新的合成"图片"。选择"文件 > 导入 > 文件"命令，在弹出的"导入文件"对话框中，选择本书学习资源中的"Ch03\粒子破碎效果\（Footage)\01.jpg"文件，如图3-70所示，单击"打开"按钮，导入文件，并将其拖曳到"时间线"面板中，如图3-71所示。

图3-70

图3-71

（5）按Ctrl+N组合键，弹出"图像合成设置"对话框，在"合成组名称"文本框中输入"最终效果"，单击"确定"按钮，创建一个新的合成"最终效果"。在"项目"面板中，选中"渐变条""噪波"和"图片"合成并将其拖曳到"时间线"面板中，层的排列如图3-72所示。单击"渐变条"和"噪波"层左侧的眼睛按钮，关闭"渐变条"和"噪波"两层的可视性，如图3-73所示。

图3-72　　　　　　　图3-73

（6）选中"图片"层，选择"效果 > 模拟仿真 > 碎片"命令，在"特效控制台"面板中，将"查看"改为"渲染"模式，展开"外形""焦点1"属性，在"特效控制台"面板中进行参数设置，如图3-74所示。"合成"窗口中的效果如图3-75所示。

图3-74　　　　　　　图3-75

图3-78　　　　　　　图3-79

（7）展开"倾斜""物理"和"摄像机位置"属性，在"特效控制台"面板中进行参数设置，如图3-76所示。"合成"窗口中的效果如图3-77所示。

"Y轴旋转"选项的数值为0、-45，"Z轴旋转"选项的数值为0、15，"焦距"选项的数值为100，如图3-81所示，记录第2个关键帧。

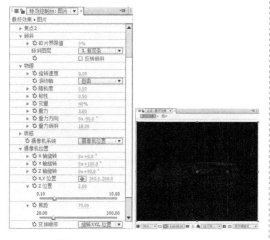

图3-76　　　　　　　图3-77

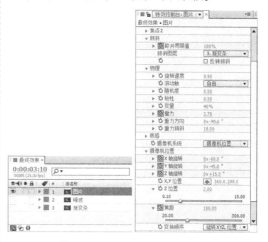

图3-80　　　　　　　图3-81

（8）选中"图片"层，在"时间线"面板中将时间标签放置在0秒的位置，如图3-78所示。在"特效控制台"面板中，分别单击"倾斜"下的"碎片界限值"，"物理"下的"重力"，"摄像机位置"下的"X轴旋转""Y轴旋转""Z轴旋转"，"焦距"选项左侧的"关键帧自动记录器"按钮 ，如图3-79所示，记录第1个关键帧。

（9）将时间标签放置在3秒10帧的位置，如图3-80所示。在"特效控制台"面板中，设置"碎片界限值"选项的数值为100，"重力"选项的数值为2.7，"X轴旋转"选项的数值为0、-60，

（10）将时间标签放置在4秒24帧的位置，如图3-82所示。在"特效控制台"面板中，设置"重力"选项的数值为100，如图3-83所示，记录第3个关键帧。粒子破碎制作完成，如图3-84所示。

图3-82　　　　　　　图3-83

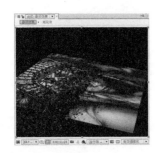

图3-84

3.3.2 编辑遮罩的多种方式

"工具"面板中除了创建"遮罩"工具以外，还提供了多种修整编辑"遮罩"的工具。

"选择"工具：使用此工具可以在"合成"预览窗口或者"图层"预览窗口中选择和移动路径点或者整个路径。

"顶点添加"工具：使用此工具可以增加路径上的节点。

"顶点清除"工具：使用此工具可以减少路径上的节点。

"顶点转换"工具：使用此工具可以改变路径的曲率。

"遮罩羽化"工具：使用此工具可以改变遮罩边缘的柔化。

> **提示**
>
> 由于在"合成"预览窗口可以看到很多层，如果在其中调整"遮罩"很有可能遇到干扰，不方便操作。所以建议双击目标图层，然后到"图层"预览窗口中对"遮罩"进行各种操作。

1. 点的选择和移动

使用"选择"工具，选中目标层，然后直接单击路径上的节点，可以通过拖曳鼠标或利用键盘上的方向键来实现位置移动；如果要取消选择，只需要在空白处单击鼠标即可。

2. 线的选择和移动

使用"选择"工具，选中目标层，然后直接单击路径上两个节点之间的线，可以通过拖曳鼠标或利用键盘上的方向键来实现位置移动；如果要取消选择，只需要在空白处单击鼠标即可。

3. 多个点或者多条线的选择、移动、旋转和缩放

使用"选择"工具，选中目标层，首先单击路径上第一个点或第一条线，然后在按住Shift键的同时，单击其他的点或者线，实现同时选择的目的。也可以通过拖曳一个选区，用框选的方法进行多点、多线的选择，或者是全部选择。

同时选中这些点或者线之后，在被选的对象上双击鼠标就可以形成一个控制框。在这个边框中，可以非常方便地进行位置移动、旋转或者缩放等操作，如图3-85、图3-86和图3-87所示。

图3-85　　　　　　图3-86

图3-87

全选路径的快捷方法描述如下。

⊙ 通过鼠标框选的方法，将路径全选取，但是不会出现控制框，如图3-88所示。

⊙ 按住Alt键的同时单击路径，即可完成路径的全选，但是同样不会出现控制框。

⊙ 在没有选择多个节点的情况下，在路径上双击鼠标，即可全选路径，并出现一个控制框。

⊙ 在"时间线"面板中，选中有"遮罩"的层，按M键，展开"遮罩"属性，单击属性名称或"遮罩"名称即可全选路径，如图3-89所示，此方法也不会出现控制框。

图3-88

图3-89

🔍 **提示**

将节点全部选中，选择"图层 > 遮罩与形状路径 > 自由变换点"命令，或按Ctrl+T组合键出现控制框。

4．多个遮罩上下层的调整

当层中含有多个遮罩时，就存在上下层的关系，此关系关联到非常重要的部分——遮罩混合模式的选择，因为After Effects处理多个遮罩的先后次序是从上至下的，所以上下排列的次序直接影响最终的混合效果。

在"时间线"面板中，直接选中某个遮罩的名称，然后上下拖曳即可改变层次，如图3-90所示。

图3-90

在"合成"预览窗口或者"图层"预览窗口中，可以通过选中一个遮罩，然后选择以下菜单命令，实现遮罩层次调整。

⊙ 选择"图层 > 排列 > 遮罩移到最前"命

令，或按Ctrl+Shift+] 组合键，将选中的遮罩放置到顶层。

⊙ 选择"图层 > 排列 > 遮罩前移"命令，或按Ctrl+] 组合键，将选中的遮罩往上移动一层。

⊙ 选择"图层 > 排列 > 遮罩后移"命令，或按Ctrl + [组合键，将选中的遮罩往下移动一层。

⊙ 选择"图层 > 排列 > 遮罩移到最后"命令，或按Ctrl+ Shift+ [组合键，将选中的遮罩放置到底层。

3.3.3　在"时间线"面板中调整遮罩的属性

遮罩不是一个简单的轮廓那么简单，在"时间线"中，可以对遮罩的其他属性进行详细设置和动画处理。

单击层标签颜色前面的小三角形按钮▶，展开层属性，如果层上含有遮罩，就可以看到遮罩，单击遮罩名称前的小三角形按钮▶，即可展开各个遮罩路径，单击其中任意一个遮罩路径颜色前面的小三角形按钮▶，即可展开关于此遮罩路径的属性，如图3-91所示。

🔍 **提示**

选中某层，连续按两次M键，即可展开此层遮罩路径的所有属性。

图3-91

⊙ **遮罩路径颜色设置**：单击"遮罩颜色"按钮□，可以弹出颜色对话框，选择适合的颜色加以区别。

⊙ **设置遮罩路径名称**：按Enter键即可出现修改输入框，修改完成后再次按Enter键即可。

⊙ **选择遮罩混合模式**：当本层含有多个遮罩时，可以在此选择各种混合模式。需要注意的是多个遮罩的上下层次关系对混合模式产生的最终效果有很大影响。After Effects处理过程是从上至下地逐一处理。

无：选择此模式的路径将不起到遮罩作用，仅仅作为路径存在，作为勾边、光线动画或者路径动画的依据，如图3-92和图3-93所示。

图3-92 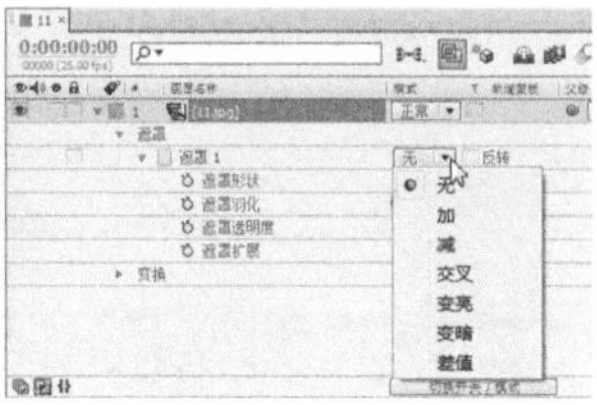　　　　　　　图3-93

加：遮罩相加模式，将当前遮罩区域与之上的遮罩区域进行相加处理，对于遮罩重叠处的透明度则采取在透明度值的基础上再进行一个百分比相加的方式处理。例如，某遮罩作用前，遮罩重叠区域画面透明度为50%，如果当前遮罩的不透明度是50%，运算后最终得出的遮罩重叠区域画面透明度是70%，如图3-94和图3-95所示。

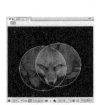

图3-94 　　　　　　　图3-95

减：遮罩相减模式，将当前遮罩上面所有遮罩组合的结果进行相减，当前遮罩区域内容不显示。如果同时调整遮罩的透明度，则透明度值越高，遮罩重叠区域内越透明，因为相减混合完全起作用；而透明度值越低，遮罩重叠区域内变得越不透明，相减混合越来越弱，如图3-96、图3-97所示。例如，某遮罩作用前，遮罩重叠区域画面透明度为80%，如当前遮罩设置的透明度是50%，运算后最终得出的遮罩重叠区域画面透明度为40%，如图3-98和图3-99所示。

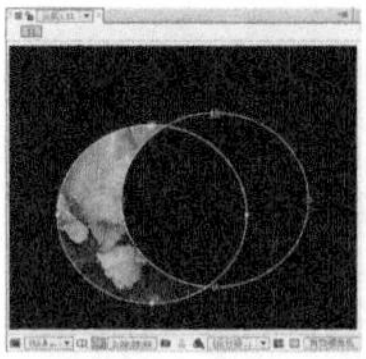

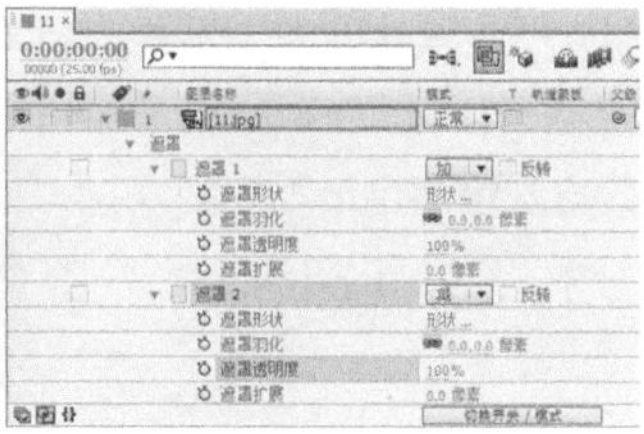

上下两个遮罩透明度都为100%的情况

图3-96　　　　　　　图3-97

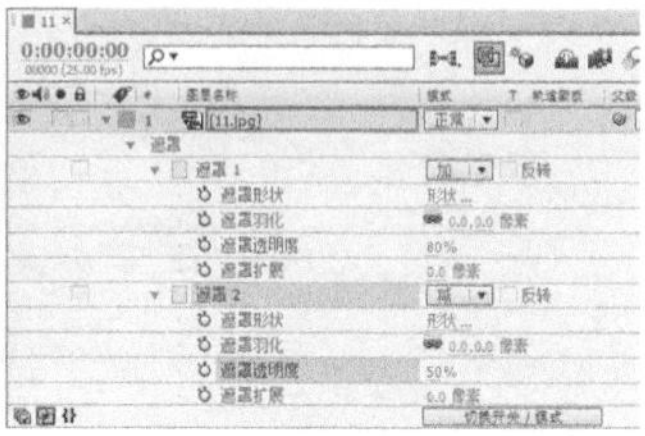

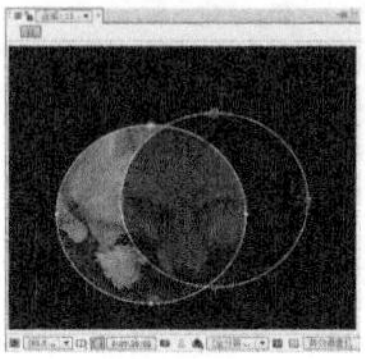

上面遮罩的透明度为80%，
下面遮罩的透明度为50%的情况

图3-98　　　　　　　图3-99

交叉：采取交集方式混合遮罩，只显示当前遮罩与上面所有遮罩组合的结果相交部分的内容，相交区域内的透明度是在上面遮罩的基础上再进行一个百分比运算，如图3-100和图3-101所示。例如，某遮罩作用前遮罩重叠画面透明度为60%，如果当前遮罩设置的透明度为50%，运算后最终得出的画面的透明度为30%，如图3-102和图3-103所示。

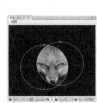

上下两个遮罩透明度都为100%的情况

图3-100　　　　　　　图3-101

变亮：对于可视区域范围来讲，此模式与"加"模式一样，但是对于遮罩重叠处的透明度则采用透明度值较高的那个值。例如，某遮罩作用前遮罩的重叠区域画面透明度为60%，如果当前遮罩设置的透明度为80%，运算后最终得出的

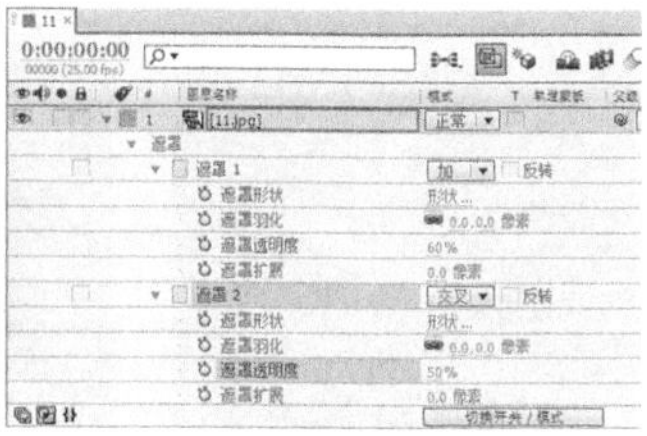

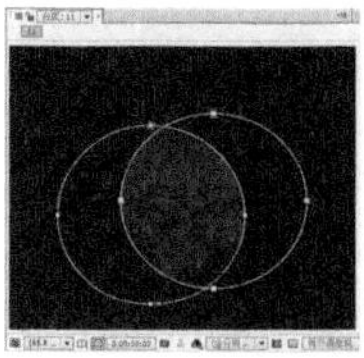

上面遮罩的透明度为60%，
下面遮罩的透明度为50%的情况

图3-102　　　　　　　　图3-103

遮罩重叠区域画面透明度为80%，如图3-104和图3-105所示。

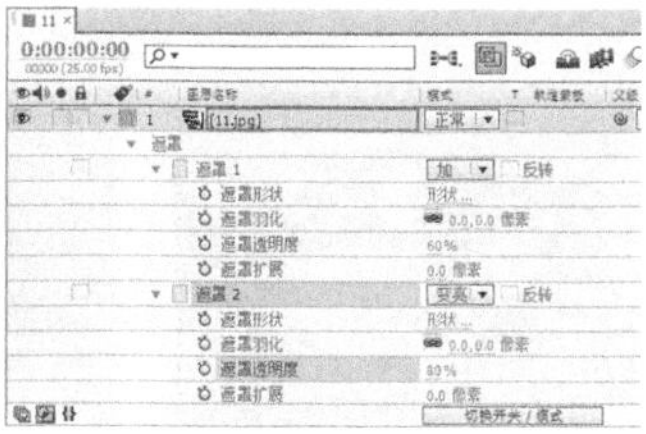

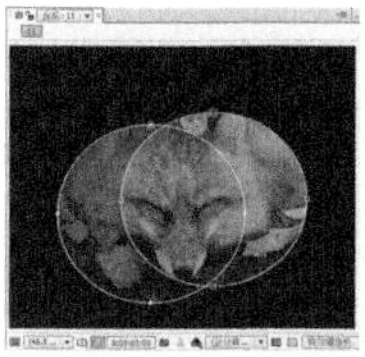

图3-104　　　　　　　　图3-105

变暗：对于可视区域范围来讲，此模式与"减"交集模式一样，但是对于遮罩重叠处的不透明度采用透明度值较低的那个值。例如，某遮罩作用前重叠区域画面透明度是40%，如果当前遮罩设置的透明度为100%，运算后最终得出的遮罩重叠区域的画面透明度为40%，如图3-106和图3-107所示。

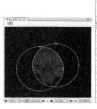

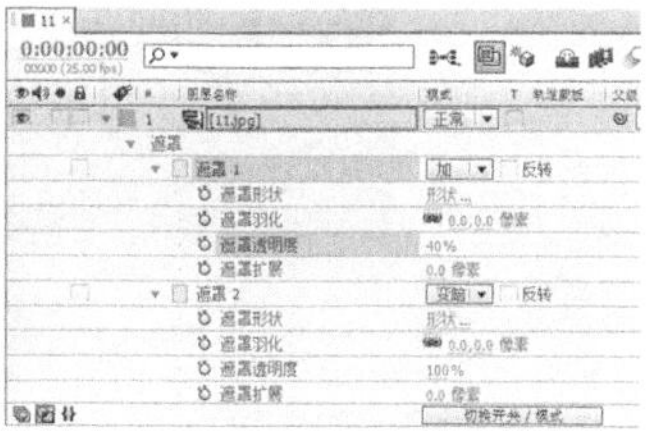

图3-106　　　　　　　　图3-107

差值：此模式对于可视区域采取的是并集减交集的方式。也就是说，先将当前遮罩与上面所有遮罩组合的结果进行并集运算，然后再将当前遮罩与上面所有遮罩组合的结果相交部分进行相减。关于透明度，与上面遮罩结果未相交部分采取当前遮罩透明度设置，相交部分采用两者之间的差值，如图3-108、图3-109所示。例如，某遮罩作用前重叠区

域画面透明度为40%，如果当前遮罩设置的透明度为60%，运算后最终得出的遮罩重叠区域画面透明度为20%。当前遮罩未重叠区域透明度为60%，如图3-110和图3-111所示。

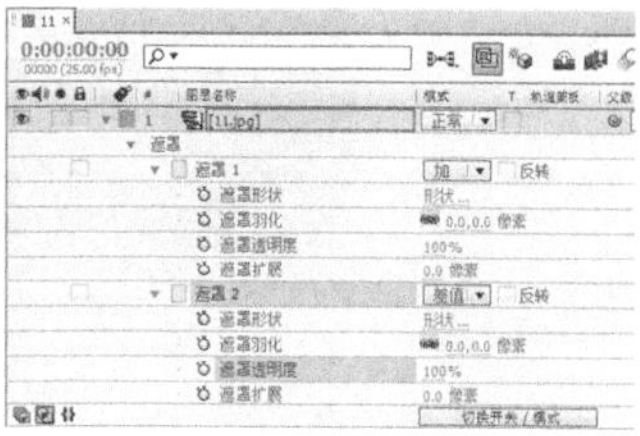

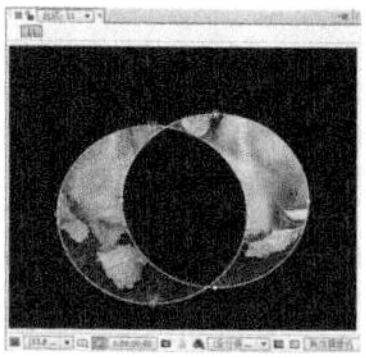

上下两个遮罩透明度都为100%的情况

图3-108　　　　　　　　图3-109

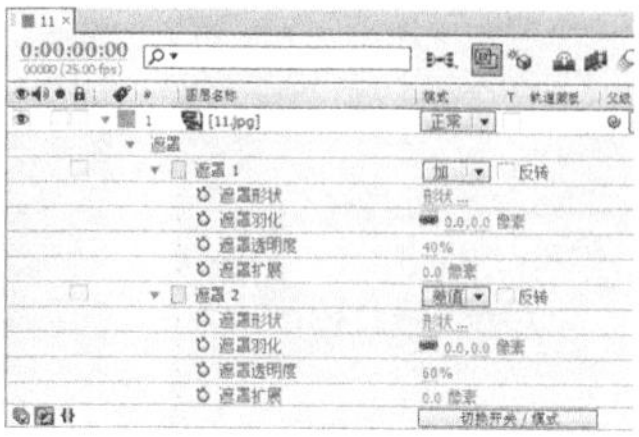

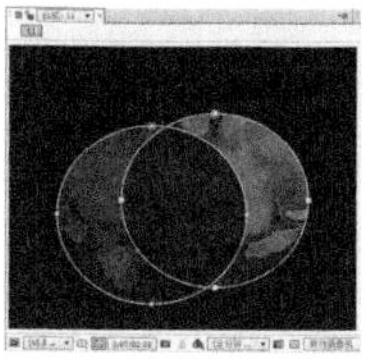

上面遮罩的透明度为40%，
下面遮罩的透明度为60%的情况

图3-110　　　　　　　　图3-111

⊙ **反转**：将遮罩进行反向处理，如图3-112和图3-113所示。

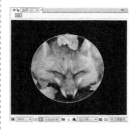 

未激活反转时的状况　　　激活了反转时的状况
图3-112　　　　　　　　图3-113

⊙ **设置遮罩动画的属性区**：在此列中可以进行关键帧动画处理的遮罩属性。

遮罩形状：遮罩形状设置，单击右侧的"形状"文字按钮，可以弹出"遮罩形状"对话框，同选择"图层 > 遮罩 > 遮罩形状"命令一样。

遮罩羽化：遮罩羽化控制，可以通过羽化遮罩得到更自然的融合效果，并且x轴向和y轴向可

以有不同的羽化程度。单击前面的🔗按钮，可以将两个轴向锁定和释放，如图3-114所示。

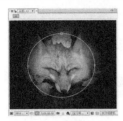

图3-114

遮罩透明度：遮罩透明度的调整，如图3-115和图3-116所示。

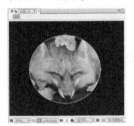 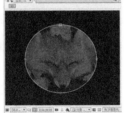

透明度为100%时的状况　　透明度为50%时的状况

图3-115　　　　　　　图3-116

遮罩扩展：调整遮罩的扩展程度，正值为扩展遮罩区域，负值为收缩遮罩区域，如图3-117和图3-118所示。

 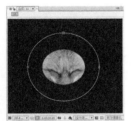

遮罩扩展设置为100时的状况　　遮罩扩展设置为-100时的状况

图3-117　　　　　　　图3-118

3.3.4　用遮罩制作动画

（1）在"时间线"面板中，选择图层，选择"星形"工具📐，在"合成"窗口中拖曳鼠标指针绘制一个星形遮罩，如图3-119所示。

（2）选择"顶点添加"工具📐，在刚刚绘制的星形遮罩上添加10个节点，如图3-120所示。

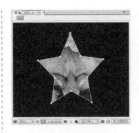 

图3-119　　　　　　　图3-120

（3）选择"选择"工具🔺，将角点的节点选中，如图3-121所示。选择"图层 > 遮罩与形状路径 > 自由变换点"命令，出现控制框，如图3-122所示。

 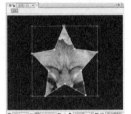

图3-121　　　　　　　图3-122

（4）按住Ctrl+Shift组合键的同时，拖曳右下角的控制点向右上方移动，拖曳出如图3-123所示的效果。

图3-123

（5）调整完成后，按Enter键。在"时间线"面板中，按两次M键，展开遮罩的所有属性，单击"遮罩形状"属性前的"关键帧自动记录器"按钮🕐，生成第1个关键帧，如图3-124所示。

图3-124

（6）将当前时间标签移动到第3秒的位置，选中内侧的节点，如图3-125所示。按Ctrl+T组合键，出现控制框，按住Ctrl+Shift组合的同时，拖曳右下角的控制点向右上方移动，拖曳出如图3-126所示的效果。

 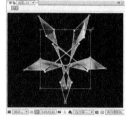

图3-125　　　　　　　图3-126

（7）调整完成后，按Enter键。在"时间线"面板中，"遮罩形状"属性自动生成第2个关键帧，如图3-127所示。

图3-127

（8）选择"效果 > 生成 > 描边"命令，在"特效控制台"面板进行设置，为遮罩路径添加描边特效，如图3-128所示。

（9）选择"效果 > 风格化 > 辉光"命令，在"特效控制台"面板中进行设置，为遮罩路径添加发光特效，如图3-129所示。

图3-128　　　　　　　图3-129

（10）按0键，预览遮罩动画，按任意键结束预览。

（11）在"时间线"面板中单击"遮罩形状"属性名称，同时选中两个关键帧，如图3-130所示。

（12）选择"窗口 > 智能遮罩插值"命令，打开"遮罩插值"面板，在面板中进行设置，如图3-131所示。

图3-130

图3-131

关键帧速率：决定每秒钟内在两个关键帧之间产生多少个关键帧。

关键帧场（2倍帧速率）：勾选此复选框，关键帧数目会增加到在"关键帧速率"中设定的数值的两倍，因为关键帧是按场计算的。还有一种情况会在场中生成关键帧，那就是当"关键帧速率"设置的值大于合成项目的帧速率时。

使用线性描边顶点路径：勾选此复选框，路径会沿着直线运动，否则就是沿曲线运动。

弯曲阻力：在节点变化过程中，可以通过设定这个值决定是采用拉伸的方式还是弯曲的方式处理节点变化，此值越高就越不采用弯曲的方式。

品质：质量设置。如果值为0，那么第一个关键帧的点必须对应第二个关键帧的那个点。例如，第一个关键帧的第8个点，必须对应第二个关键帧的第8个点做变化。如果值为100，那么第一个关键帧的点可以模糊地对应第二个关键帧的任何点。这样，越高的值得到的动画效果越平滑、越自然，但是计算的时间越长。

添加遮罩形状顶点：勾选此复选框，将在变化过程中自动增加遮罩节点。第一个选项是数值设置，第二个选项是选择After Effects提供的3种增加节点的方式。"顶点间的像素值"，每多少个像素增加一个节点，如果前面的数值设置为18，则18个像素增加一个节点；"总计顶点数"，决定节点的总数，如果前面的数值设为60，则由60个节点组成一个遮罩；"概要百分比"，以遮罩的周长的百分比距离放置节点，如果前面的数值设置为5，则表示每隔5%遮罩的周长的距离放置一个节点，最后遮罩将由20个节点构成，如果设置1%，则最后遮罩将由100个节点构成。

相同方式：前一个关键帧的节点与后一个关键帧的节点动画过程中的匹配设置。分别有3个选项："自动"，自动处理；"曲线"，当遮罩路径上有曲线时选用此选项；"多段线"，当遮罩路径上没有曲线时选用此选项。

使用1：1相同顶点：使用1：1的对应方式，如果前后两个关键帧里的遮罩的节点数目相同，此选项将强制节点绝对对应，即第1个节点对应第1个节点，第2个节点对应第2个节点，但是如果节点数目不同，会出现一些无法预料的效果。

首个顶点一致：决定是否强制起始点对应。

（13）单击"应用"按钮应用设置，按0键，预览优化后的遮罩动画。

✐ 课堂练习——调色效果

练习知识要点：使用"色阶"命令、"方向模糊"命令制作图片特效；使用"钢笔"工具制作人物遮罩效果和形状；编辑"模式"选择的叠加模式。调色效果如图3-132所示。

效果所在位置：Ch03\调色效果\调色效果.aep。

图3-132

✐ 课后习题——流动的线条

习题知识要点：使用"钢笔"工具绘制线条效果；使用"3D Stroke"命令制作线条描边动画；使用"辉光"命令制作线条发光效果；使用"Starglow"命令制作线条流光效果。流动的线条效果如图3-133所示。

效果所在位置：Ch03\流动的线条\流动的线条.aep。

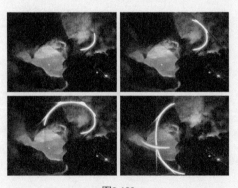

图3-133

第 *4* 章

应用时间线制作特效

本章介绍

应用时间线制作特效是After Effects的重要功能，本章详细讲解了重置时间、理解关键帧概念、关键帧的基本操作、初识图形编辑器、使用图形编辑器等内容。通过学习本章的内容，读者将能够应用时间线来制作视频特效。

学习目标

◆ 熟悉时间线的使用方法
◆ 了解重置时间的方法
◆ 理解关键帧的概念
◆ 掌握关键帧的基本操作

技能目标

◆ 掌握"粒子汇集文字"的制作方法
◆ 掌握"活泼的小蝌蚪"的制作方法

4.1 时间线

通过对时间线的控制，我们可以把正常播放速度的画面加速或减慢，甚至反向播放，还可以产生一些非常有趣的或者富有戏剧性的动态图像效果。

4.1.1 课堂案例——粒子汇集文字

案例学习目标： 学习输入文字、在文字上添加滤镜和动画倒放效果。

案例知识要点： 使用"横排文字"工具编辑文字；使用"CC像素多边形"命令制作文字粒子特效；使用"辉光"命令、"Shine"命令制作文字发光效果；使用"时间伸缩"命令制作动画倒放效果。粒子汇集文字效果如图4-1所示。

效果所在位置： Ch04\粒子汇集文字\粒子汇集文字.aep。

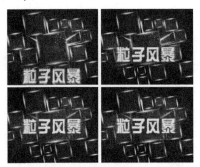

图4-1

1. 输入文字并添加特效

（1）按Ctrl+N组合键，弹出"图像合成设置"对话框，在"合成组名称"文本框中输入"粒子发散"，其他选项的设置如图4-2所示，单击"确定"按钮，创建一个新的合成"粒子发散"。

（2）选择"横排文字"工具 T，在"合成"窗口输入文字"粒子风暴"。选中文字，在"文字"面板中设置文字参数，如图4-3所示。"合成"窗口中的效果如图4-4所示。

图4-2

图4-3   图4-4

（3）选中"文字"层，选择"效果>模拟仿真>CC像素多边形"命令，在"特效控制台"面板中进行参数设置，如图4-5所示。"合成"窗口中的效果如图4-6所示。

图4-5   图4-6

（4）将时间标签放置在0秒的位置，在"特效控制台"面板中，单击"力度"选项左侧的

"关键帧自动记录器"按钮 ☺，如图4-7所示，记录第1个关键帧。将时间标签放置在4秒24帧的位置，在"特效控制台"面板中，设置"力度"选项的数值为-0.6，如图4-8所示，记录第2个关键帧。

图4-7　　　　　　　　图4-8

（5）将时间标签放置在3秒的位置，在"特效控制台"面板中，单击"重力"选项左侧的"关键帧自动记录器"按钮 ☺，如图4-9所示，记录第1个关键帧。将时间标签放置在4秒的位置，在"特效控制台"面板中，设置"重力"选项的数值为3，如图4-10所示，记录第2个关键帧。

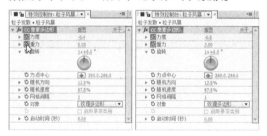

图4-9　　　　　　　　图4-10

（6）将时间标签放置在0秒的位置，选择"效果 > 风格化 > 辉光"命令，在"特效控制台"面板中，设置"颜色A"为红色（其R、G、B的值分别为255、0、0），"颜色B"为橙黄色（其R、G、B的值分别为255、114、0），其他参数设置如图4-11所示。"合成"窗口中的效果如图4-12所示。

图4-11　　　　　　　　图4-12

（7）选择"效果 > Trapcode > Shine"命令，在"特效控制台"面板中进行参数设置，如图4-13所示。"合成"窗口中的效果如图4-14所示。

图4-13　　　　　　　　图4-14

2. 制作动画倒放效果

（1）按Ctrl+N组合键，弹出"图像合成设置"对话框，在"合成组名称"文本框中输入"粒子汇集"，其他选项的设置如图4-15所示，单击"确定"按钮，创建一个新的合成"粒子汇集"。

（2）选择"文件 > 导入 > 文件"命令，在弹出的"导入文件"对话框中，选择本书学习资源中的"Ch04\粒子汇集文字\ (Footage)\ 01.jpg"文件，单击"打开"按钮，文件被导入"项目"面板中。在"项目"面板中选中"粒子发散"合成和"01"文件，将其拖曳到"时间线"面板中，如图4-16所示。

图4-15　　　　　　　　图4-16

（3）选中"粒子发散"层，选择"图层 > 时间 > 时间伸缩"命令，弹出"时间伸缩"对话框，设置"伸缩比率"选项的数值为-100%，如图4-17所示，单击"确定"按钮。时间标签自动移到0帧位置，如图4-18所示。按 [键将素材对齐，如图4-19所示，实现倒放功能。

图4-17　　　　　图4-18

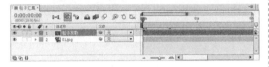

图4-19

图4-20

（4）粒子汇集文字制作完成，如图4-20所示。

4.1.2　使用时间线控制速度

选择"文件 > 打开项目"命令，或按Ctrl+O组合键，在弹出的"打开"对话框中，选择本书学习资源中的"基础素材 > Ch04 > 项目一.aep"文件，单击"打开"按钮打开文件。

在"时间线"面板中，单击按钮￭￭，展开时间伸缩属性，如图4-21所示。伸缩属性可以加快或者放慢动态素材层的时间，默认情况下伸缩值为100%，代表正常速度播放片段；小于100%时，会加快播放速度；大于100%时，将减慢播放速度。不过时间伸缩不可以形成关键帧，因此不能制作时间速度变速的动画特效。

图4-21

4.1.3　设置声音的时间线属性

除了视频，在After Effects里还可以对音频应用伸缩功能。调整音频层中的伸缩值，随着伸缩值的变化，可以听到声音的变化，如图4-22所示。

如果某个素材层同时包含音频和视频信息，在进行伸缩速度调整时，希望只影响视频信息，而让音频信息保持正常速度播放。这就需要将该素材层复制一份，两个层中一个关闭视频信息，但保留音频部分，不做伸缩速度改变；另一个关闭音频信息，保留视频部分，进行伸缩速度调整。

图4-22

4.1.4　使用入点和出点控制面板

入点和出点参数面板可以方便地控制层的入点和出点信息，不过它还隐藏了一些快捷功能，通过它们同样可以改变素材片段的播放速度，改变伸缩值。

在"时间线"面板中，将当前时间标签调整到某个时间位置，按住Ctrl键的同时，单击入点或者出点参数，即可实现素材片段播放速度的改变，如图4-23所示。

图4-23

4.1.5　时间线上的关键帧

如果素材层上已经制作了关键帧动画，那么在改变其伸缩值时，不仅仅会影响其本身的播放速度，关键帧之间的时间距离也会随之改变。例如，将伸缩值设置为50%，那么原来关键帧之间的距离就会缩短一半，关键帧动画速度同样也会加快一倍，如图4-24所示。

图4-24

如果改变伸缩值时不希望影响关键帧时间位置，则需要全选当前层的所有关键帧，然后选择"编辑 > 剪切"命令，或按Ctrl+X组合键，暂时将关键帧信息剪切到系统剪贴板中，调整伸缩值，在改变素材层的播放速度后，选取使用关键帧的属性，再选择"编辑 > 粘贴"命令，或按Ctrl+V组合键，将关键帧粘贴回当前层。

4.1.6 颠倒时间

在视频节目中，经常会看到倒放的动态影像，其实利用伸缩属性可以很方便地实现这一效果，把伸缩值调整为负值就可以了。例如，保持片段原来的播放速度，只是实现倒放，可以将伸缩值设置为-100%，如图4-25所示。

图4-25

当伸缩属性设置为负值时，图层上出现了红色的斜线，表示已经颠倒了时间。但是图层会移动到别的地方，这是因为在颠倒时间时，是以图层的入点为变化基准的，所以反向时导致位置出现变动，将其拖曳到合适位置即可。

4.1.7 确定时间调整基准点

在进行时间伸缩的过程中，已经发现变化时的基准点在默认情况下是以入点为标准的，特别是在颠倒时间的练习中能更明显地感受到这一点。其实在After Effects中，时间调整的基准点同样是可以改变的。

单击伸缩参数，弹出"时间伸缩"对话框，在对话框中的"放置保持"区域可以设置在改变时间伸缩值时层变化的基准点，如图4-26所示。

图4-26

层入点：以层入点为基准，也就是在调整过程中，固定入点位置。

当前帧：以当前时间标签为基准，也就是在调整过程中，同时影响入点和出点位置。

层出点：以层出点为基准，也就是在调整过程中，固定出点位置。

4.2 重置时间

重置时间是一种可以随时重新设置素材片段播放速度的超强功能。与伸缩不同的是，它可以设置关键帧，进行各种时间变速动画创作。重置时间可以应用在动态素材上，例如视频素材层、音频素材层和嵌套合成等。

4.2.1 应用重置时间命令

在"时间线"面板中选择视频素材层，选择"图层 > 时间 > 启用时间重置"命令，或按Ctrl+Alt+T组合键，激活"时间重置"属性，如图4-27所示。

图4-27

在添加"时间重置"时，自动在视频层的入点和出点位置加入了两个关键帧，入点位置的关键帧记录了片段0秒0帧这个时间，出点关键帧记录了片段最后的时间，也就是13秒0帧。

4.2.2 重置时间的方法

（1）在"时间线"面板中，移动当前时间标签到5秒的位置，在"关键帧"面板中，单击"在当前时间添加或移除关键帧"按钮◇，如图4-28所示，生成一个关键帧，这个关键帧记录了片段5秒0帧这个时间。

图4-28

（2）将刚刚生成的那个关键帧往左边拖动，移动到第2s的位置，这样得到的结果从开始一直到2s的位置，会播放片段0秒0帧到5秒0帧的片段内容。因此，从开始到第2s时，素材片段会快速播放，而过了2s以后，素材片段会慢速播放，因为最后的那个关键帧并没有发生位置移动，如图4-29所示。

（3）按0键预览动画效果，按任意键结束预览。

图4-29

（4）再次将当前时间标签移动到5秒的位置，在"关键帧"面板中，单击"在当前时间添加或移除关键帧"按钮◇，生成一个关键帧，这个关键帧记录了片段的7秒5帧这个时间，如图4-30所示。

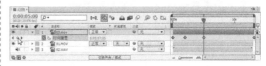

图4-30

（5）将记录了片段7秒5帧的这个关键帧，移动到第1s的位置，会播放片段0秒0帧到7秒5帧的内容，速度非常快；然后从1s到2s位置，会反向播放片段7秒5帧到5秒。帧的内容；过了2s以后直到最后，会重新播放3秒到13秒0帧的内容，如图4-31所示。

图4-31

（6）可以切换到"图形编辑器"模式下，调整这些关键帧的运动速率，形成各种变速时间变化，如图4-32所示。

图4-32

4.3 理解关键帧概念

在After Effects中，把包含着关键信息的帧称为关键帧。定位点、旋转和透明度等所有能够用数值表示的信息都包含在关键帧中。

在制作电影时，通常是要制作许多不同的片段，然后将片段连接到一起才能制作成电影。对于制作的人来说，每一个片段的开头和结尾都要做上一个标记，这样在看到标记时就知道这一段内容是什么。

在After Effects中依据前后两个关键帧,可以识别动画开始和结束的状态,并自动计算中间的动画过程(此过程也叫插值运算),产生视觉动画。这也就意味着,要产生关键帧动画,就必须拥有两个或两个以上有变化的关键帧。

4.4 关键帧的基本操作

在After Effects中,可以添加、选择和编辑关键帧,还可以使用关键帧自动记录器来记录关键帧。下面将对关键帧的基本操作进行具体讲解。

4.4.1 课堂案例——活泼的小蝌蚪

案例学习目标:学习编辑关键帧,使用关键帧制作可爱的瓢虫效果。

案例知识要点:使用层编辑蝌蚪大小或方向;使用"动态草图"命令绘制动画路径并自动添加关键帧;使用"平滑器"命令自动减少关键帧;使用"阴影"命令给蝌蚪添加投影。活泼的小蝌蚪效果如图4-33所示。

效果所在位置: Ch04\活泼的小蝌蚪\活泼的小蝌蚪.aep。

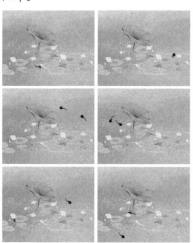

图4-33

1. 导入文件并编辑动画蝌蚪

(1)按Ctrl+N组合键,弹出"图像合成设置"对话框,在"合成组名称"文本框中输入

"活泼的小蝌蚪",其他选项的设置如图4-34所示,单击"确定"按钮,创建一个新的合成"活泼的小蝌蚪"。选择"文件 > 导入 > 文件"命令,在弹出的"导入文件"对话框中,选择本书学习资源中的"Ch04\活泼的小蝌蚪\ (Footage) \01.jpg、02.psd和03.png"文件,单击"打开"按钮,导入图片到"项目"面板中,如图4-35所示。

图4-34

图4-35

(2)在"项目"面板中,选择"01.jpg"

和"02.psd"文件并将其拖曳到"时间线"面板中，如图4-36所示。选中"02.psd"层，按P键，展开"位置"属性，设置"位置"选项的数值为232、416，如图4-37所示。

图4-36

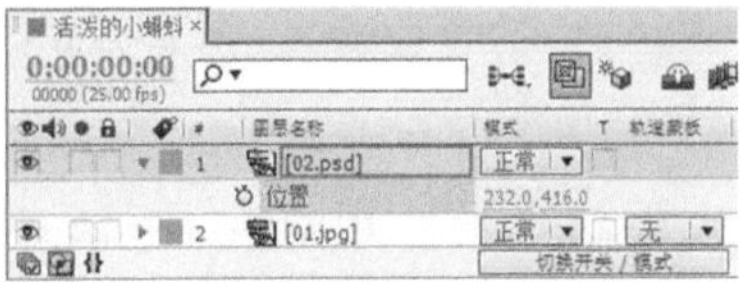

图4-37

（3）选中"02.psd"层，按S键，展开"缩放"属性，设置"缩放"选项的数值为52、52%，如图4-38所示。选择"定位点"工具⚫，在"合成"窗口中按住鼠标左键，调整蝌蚪的中心点位置，如图4-39所示。

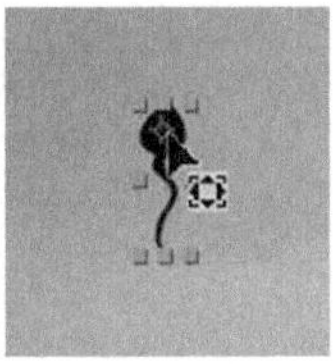

图4-38　　　　　　图4-39

（4）按R键，展开"旋转"属性，设置"旋转"选项的数值为0、100，如图4-40所示。"合成"窗口中的效果如图4-41所示。

图4-40　　　　　　图4-41

（5）选择"窗口 > 动态草图"命令，弹出"动态草图"面板，在面板中设置参数，如图4-42所示，单击"开始采集"按钮。当"合成"窗口中的鼠标指针变成十字形状时，在窗

口中绘制运动路径，如图4-43所示。

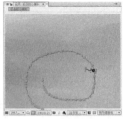

图4-42　　　　　　图4-43

（6）选择"图层 > 变换 > 自动定向"命令，弹出"自动定向"对话框，在对话框中选择"沿路径方向设置"选项，如图4-44所示，单击"确定"按钮。"合成"窗口中的效果如图4-45所示。

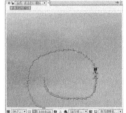

图4-44　　　　　　图4-45

（7）按P键，展开"位置"属性，用框选的方法选中所有的关键帧，选择"窗口 > 平滑器"命令，打开"平滑器"面板，在对话框中设置参数，如图4-46所示，单击"应用"按钮。"合成"窗口中的效果如图4-47所示。制作完成后动画就会更加流畅。

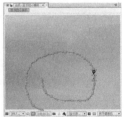

图4-46　　　　　　图4-47

（8）选择"效果 > 透视 > 阴影"命令，在"特效控制台"面板中进行参数设置，如图4-48所示。"合成"窗口中的效果如图4-49所示。

图4-48   图4-49

（9）在"合成"窗口中单击鼠标右键，在弹出的菜单中，选择"切换开关 > 动态模糊"命令，在"时间线"面板中打开动态模糊开关，如图4-50所示。"合成"窗口中的效果如图4-51所示。

图4-50   图4-51

2.编辑复制层

（1）选中"02.psd"层，按Ctrl+D组合键复制一层，如图4-52所示。按P键，展开新复制层的"位置"属性，单击"位置"选项左侧的"关键帧自动记录器"按钮 ，取消所有的关键帧，如图4-53所示。按照上述方法再制作出另外一个蝌蚪的路径动画。

图4-52

图4-53

（2）选中新复制的"02.psd"层，将时间标签放置在1秒20帧的位置，如图4-54所示。按 [键

设置动画的入点时间，如图4-55所示。

图4-54

图4-55

（3）在"项目"面板中，选中"03.png"文件并将其拖曳到"时间线"面板中，如图4-56所示。活泼的小蝌蚪制作完成，如图4-57所示。

图4-56

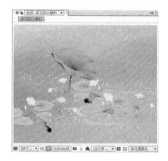

图4-57

4.4.2 关键帧自动记录器

After Effects提供了非常丰富的手段调整和设置层的各个属性，但是在普通状态下，这种设置被视为针对整个持续时间的，如果要进行动画处理，则必须单击"关键帧自动记录器"按钮 ，记录两个或两个以上的、含有不同变化信息的关键帧，如图4-58所示。

图4-58

如果关键帧自动记录器为启用状态，则此时 After Effects将自动记录当前时间标签下该层该属性的任何变动，形成关键帧。如果关闭属性关键帧自动记录器 ⏱，则此属性的所有已有的关键帧将被删除，由于缺少关键帧，动画信息丢失，再次调整属性时，将被视为针对整个持续时间的调整。

4.4.3 添加关键帧

添加关键帧的方式有很多，基本方法是首先激活某属性的关键帧自动记录器，然后改变属性值，在当前时间标签处将形成关键帧，具体操作步骤如下。

（1）选择某层，通过单击小三角形按钮▶或按属性的快捷键，展开层的属性。

（2）将当前的时间标签移动到建立第一个关键帧的时间位置。

（3）单击某属性的"关键帧自动记录器"按钮 ⏱，当前时间标签位置将产生第一个关键帧◇，将此属性调整到合适值。

（4）将当前时间标签移动到建立下一个关键帧的时间位置，在"合成"预览窗口或者"时间线"面板调整相应的层属性，关键帧将自动产生。

（5）按0键，预览动画。

🔍 提示

如果某层的蒙版属性打开了关键帧自动记录器，那么在"图层"预览窗口中调整蒙版时也会产生关键帧信息。

另外，单击"时间线"控制区中的关键帧面板◀ ◇ ▶中间的◇按钮，可以添加关键帧；如果是在已经有关键帧的情况下单击此按钮，则会将已有的关键帧删除，其快捷键是Alt+Shift+属性，

例如Alt+Shift+P组合键。

4.4.4 关键帧导航

上一小节，提到了"时间线"控制区中的关键帧面板，此面板主要用来为关键帧导航，通过关键帧导航可以快速跳转到上一个或下一个关键帧位置，还可以方便地添加或者删除关键帧。如果此面板没有出现，则单击"时间线"面板右上方的按钮，在弹出的列表中选择"显示栏目 > A/V功能"命令，即可打开此面板，如图4-59所示。

图4-59

🔍 提示

既然要对关键帧进行导航操作，就必须将关键帧呈现出来，按U键，可以展示层中所有关键帧动画信息。

◀跳转到上一个关键帧位置，其快捷键是J。

▶跳转到下一个关键帧位置，其快捷键是K。

🔍 提示

关键帧导航按钮仅针对本属性的关键帧进行导航，而快捷键J和K则可以针对画面中展现的所有关键帧进行导航，这是有区别的。

"添加删除关键帧"按钮 ⌒：当前无关键帧状态，单击此按钮将生成关键帧。

"添加删除关键帧"按钮 ◇：当前已有关键帧状态，单击此按钮将删除关键帧。

4.4.5 选择关键帧

1. 选择单个关键帧

在"时间线"面板中，展开某含有关键帧的属性，用鼠标单击某个关键帧，此关键帧即被选中。

2. 选择多个关键帧

⊙ 在"时间线"面板中，按住Shift键的同时，逐个选择关键帧，即可完成多个关键帧的选择。

⊙ 在"时间线"面板中，用鼠标拖曳出一个选取框，选取框内的所有关键帧即被选中，如图4-60所示。

图4-60

3. 选择所有关键帧

单击层属性名称，即可选择所有关键帧，如图4-61所示。

图4-61

4.4.6 编辑关键帧

1. 编辑关键帧值

在关键帧上双击鼠标，在弹出的对话框中进行设置，如图4-62所示。

> **提示**
>
> 不同的属性对话框中呈现的内容也会不同，图4-62展现的是双击"位置"属性关键帧时弹出的对话框。

图4-62

如果在"合成"预览窗口或者"时间线"面

板中调整关键帧，就必须要选中当前关键帧，否则编辑关键帧操作将变成生成新的关键帧操作，如图4-63所示。

图4-63

> **提示**
>
> 按住Shift键的同时，移动当前时间标签，当前标签将自动对齐最近的一个关键帧，如果按住Shift键的同时移动关键帧，关键帧将自动和当前时间标签对齐。

同时改变某属性的几个或所有关键帧的值，还需要同时选中几个或者所有关键帧，并确定当前时间标签刚好和被选中的某一个关键帧对齐，再进行修改，如图4-64所示。

图4-64

2. 移动关键帧

选中单个或者多个关键帧，按住鼠标，将其拖曳到目标时间位置即可。还可以按住Shift键的同时，锁定到当前时间标签位置。

3. 复制关键帧

复制关键帧操作可以大大提高创作效率，避免一些重复性的操作，但是在粘贴操作前一定要注意当前选择的目标层、目标层的目标属性，以及当前时间标签所在的位置，因为这是粘贴操作的重要依据。具体操作步骤如下。

（1）选中要复制的单个关键帧或多个关键帧，甚至是多个属性的多个关键帧，如图4-65所示。

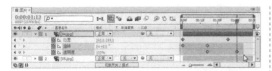

图4-65

（2）选择“编辑 > 复制”命令，将选中的多个关键帧复制。选择目标层，将时间标签移动到目标时间位置，如图4-66所示。

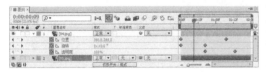

图4-66

（3）选择“编辑 > 粘贴”命令，将复制的关键帧粘贴，按U键显示所有关键帧，如图4-67所示。

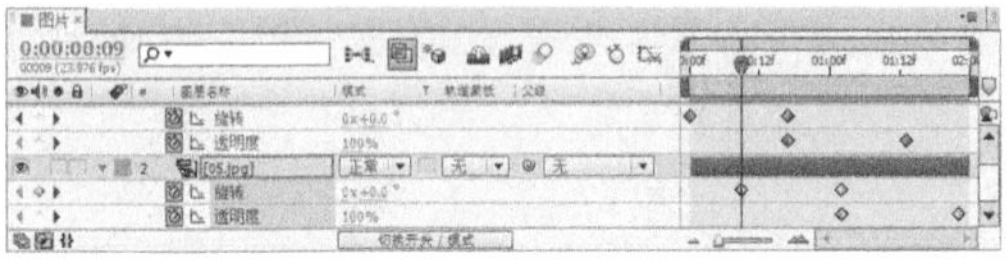

图4-67

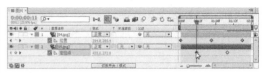

提示

关键帧复制粘贴不仅可以在本层属性执行，也可以将其粘贴到其他相同属性上。如果复制粘贴到本层或其他层的属性上，那么两个属性的数据类型必须是一致的才可以。例如，将某个二维层的“位置”动画信息复制粘贴到另一个二维层的“定位点”属性上，由于两个属性的数据类型是一致的（都是x轴向和y轴向的两个值），所以可以实现复制操作。只要粘贴操作前，确定选中目标层的目标属性即可，如图4–68所示。

图4-68

提示

如果粘贴的关键帧与目标层上的关键帧在同一时间位置，将覆盖目标层上原来的关键帧。另外，层的属性值在无关键帧时也可以进行复制，通常用于不同层间的属性统一操作。

4. 删除关键帧

⊙ 选中需要删除的单个或多个关键帧，选择“编辑 > 清除”命令，进行删除操作。

⊙ 选中需要删除的单个或多个关键帧，按Delete键，即可完成删除。

⊙ 当前时间帧对齐关键帧，关键帧面板中的添加删除关键帧按钮呈现◇状态，单击此状态下的这个按钮将删除当前关键帧，或按Alt+Shift+属性快捷键，例如Alt+Shift+P组合键。

⊙ 如果要删除某属性的所有关键帧，则单击属性的名称选中全部关键帧，然后按Delete键；或者单击关键帧属性前的“关键帧自动记录器”按钮，将其关闭，也能起到删除关键帧的作用。

课堂练习——花开放

　　练习知识要点：使用"导入"命令导入视频与图片；使用"缩放"属性缩放效果；使用"位置"属性改变形状位置；使用"色阶"命令调整颜色；使用"启用时间重置"命令添加并编辑关键帧效果。花开放效果如图4-69所示。

　　效果所在位置：Ch04\花开放\花开放.aep。

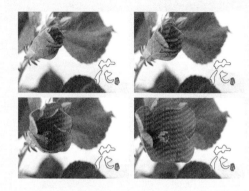

图4-69

![图标]课后习题——水墨过渡效果

　　习题知识要点：使用"复合模糊"命令制作快速模糊；使用"置换映射"命令制作置换效果；使用"透明度"属性添加关键帧并编辑透明度；使用"矩形遮罩"工具绘制遮罩形状效果。水墨过渡效果如图4-70所示。

　　效果所在位置：Ch04\水墨过渡效果\水墨过渡效果.aep

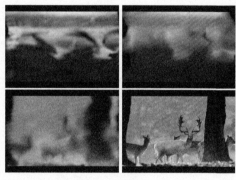

图4-70

第 5 章

创建文字

本章介绍

　　本章对创建文字的方法进行了详细讲解，其中包括文字工具、文字层、文字特效等。通过学习本章的内容，读者可以了解并掌握After Effects的文字创建技巧。

学习目标

◆ 熟悉创建文字的方法

◆ 了解文字特效的应用方法

技能目标

◆ 掌握"打字效果"的制作方法

◆ 掌握"烟飘文字"的制作方法

5.1 创建文字

在After Effects CS6中创建文字是非常方便的，有以下几种方法。

⊙ 单击工具箱中的"横排文字"工具 T，如图5-1所示。

图5-1

⊙ 选择"图层 > 新建 > 文字"命令，或按Ctrl+Alt+Shift+T组合键，如图5-2所示。

图5-2

5.1.1 课堂案例——打字效果

案例学习目标：学习使用文本工具输入文字并编辑。

案例知识要点：使用"横排文字工具"输入文字或编辑；使用"应用动画预置"命令制作打字动画。打字效果如图5-3所示。

效果所在位置：Ch05\打字效果\打字效果.aep。

图5-3

（1）按Ctrl+N组合键，弹出"图像合成设置"对话框，在"合成组名称"文本框中输入"打字效果"，其他选项的设置如图5-4所示，单击"确定"按钮，创建一个新的合成"打字效果"。选择"文件 > 导入 > 文件"命令，在弹出的"导入文件"对话框中，选择本书学习资源中的"Ch05\打字效果\ (Footage) \ 01.jpg"文件，单击"打开"按钮，图片被导入"项目"面板中，如图5-5所示。再将其拖曳到"时间线"面板中。

图5-4

图5-5

（2）选择"横排文字"工具 T，在"合成"窗口输入文字"晒后美白修护保湿霜提取海洋植物精华，能够有效舒缓和减轻肌肤敏感现象，保持肌肤的自然白皙。"。选中文字，在"文字"面板中设置文字参数，如图5-6所示。"合成"窗口中的效果如图5-7所示。

图5-6

图5-7

（3）选中"文字"层，将时间标签放置在0秒的位置，如图5-8所示。选择"窗口 > 效果和预置"命令，打开"效果和预置"面板，双击"Text > Multi-line > Word Processor"命令，应用效果。"合成"窗口中的效果如图5-9所示。

图5-8

图5-9

（4）按U键展开所有关键帧属性，如图5-10所示。将时间标签放置在9秒3帧的位置，按住Shift键的同时拖曳第2个关键帧至标签所在位置，并设置"光标"选项的数值为44，如图5-11所示。

图5-10

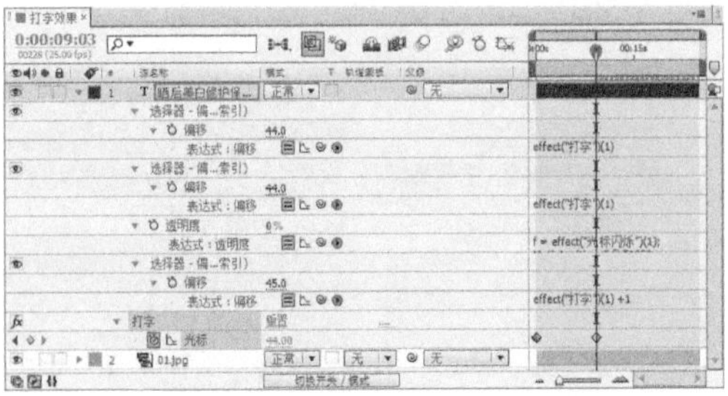

图5-11

（5）选中"文字"层，在文字的最后添加一个符号"#"，如图5-12所示。打字效果制作完成，如图5-13所示。

图5-12

图5-13

5.1.2　文字工具

工具箱中提供了建立文本的工具，包括"横排文字"工具 T 和"竖排文字"工具 IT，可以根据需要建立水平文字和垂直文字，如图5-14所示。文本界面中的"文字"面板提供了字体类型、字号、颜色、字间距、行间距和比例关系等。"段落"面板提供了文本左对齐、中心对齐和右对齐等段落设置，如图5-15所示。

图5-14

图5-15

5.1.3　文字层

在菜单栏中选择"图层 > 新建 > 文字"命令，如图5-16所示，可以建立一个文字层。建立文字层后可以直接在窗口中输入所需要的文字，如图5-17所示。

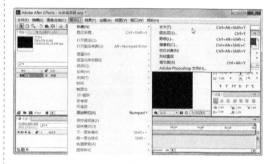

图5-16

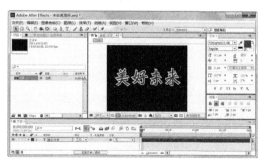

图5-17

5.2 文字特效

After Effect CS6保留了旧版本中的一些文字特效，如基本文字和路径文字，这些特效主要用于创建一些单纯使用"文字"工具不能实现的效果。

5.2.1 课堂案例——烟飘文字

案例学习目标： 学习使用编辑文字特效。

案例知识要点： 使用"横排文字"工具输入文字；使用"分形噪波"命令制作背景效果；使用"矩形遮罩"工具制作遮罩效果；使用"复合模糊"命令、"置换映射"命令制作烟飘效果。烟飘文字效果如图5-18所示。

效果所在位置： Ch05\烟飘文字\烟飘文字.aep。

图5-18

1. 输入文字

（1）按Ctrl+N组合键，弹出"图像合成设置"对话框，在"合成组名称"文本框中输入"文字"，单击"确定"按钮，创建一个新的合成"文字"，如图5-19所示。

（2）选择"横排文字"工具 T，在"合成"窗口中输入文字"Beautiful GIRL"。选中文字，在"文字"面板中，设置"填充色"为蓝色（其R、G、B的值分别为0、132、202），其他参数

设置如图5-20所示。"合成"窗口中的效果如图5-21所示。

图5-19

图5-20

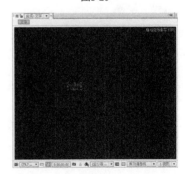

图5-21

（3）选中"文字"层，按S键，展开"缩放"属性，设置"缩放"选项的数值为599.1、599.1%，如图5-22所示。"合成"窗口中的效果如图5-23所示。

图5-22

图5-23

（4）按Ctrl+N组合键，弹出"图像合成设置"对话框，在"合成组名称"文本框中输入"噪波"，如图5-24所示，单击"确定"按钮。创建一个新的合成"噪波"。选择"图层 > 新建 > 固态层"命令，弹出"固态层设置"对话框，在"名称"文本框中输入文字"噪波"，将"颜色"设为灰色（其R、G、B的值均为135），单击"确定"按钮，在"时间线"面板中新增一个灰色固态层，如图5-25所示。

图5-25

（5）选中"噪波"层，选择"效果 > 杂色与颗粒 > 分形噪波"命令，在"特效控制台"面板中进行参数设置，如图5-26所示。"合成"窗口中的效果如图5-27所示。

图5-26

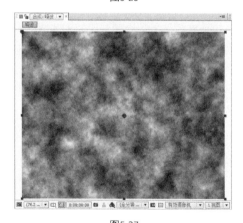

图5-27

（6）将时间标签放置在0秒的位置，在"特效控制台"面板中，单击"演变"选项左侧的"关键帧自动记录器"按钮○，如图5-28所示，记录第1个关键帧。将时间标签放置在4秒24帧的位置，在"特效控制台"面板中，设置"演变"选项的数值为3、0，如图5-29所示，记录第2个关键帧。

图5-24

图5-28

图5-29

2. 添加蒙版效果

（1）选择"矩形遮罩"工具▢，在"合成"窗口中拖曳鼠标指针绘制一个矩形遮罩，如图5-30所示。按F键，展开"遮罩羽化"属性，设置"遮罩羽化"选项的数值为70，如图5-31所示。

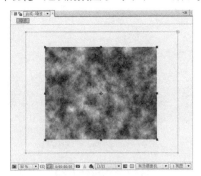

图5-30

图5-31

（2）将时间标签放置在0秒的位置，选中"噪波"层，按两次M键，展开"遮罩"属性，单击"遮罩形状"选项左侧的"关键帧自动记录器"按钮⏱，如图5-32所示，记录第1个遮罩形状关键帧。将时间标签放置在4秒24帧的位置，选择"选择"工具▸，在"合成"窗口中同时选中遮罩左边的两个控制点，将控制点向右拖曳到适当的位置，如图5-33所示，记录第2个遮罩形状关键帧，如图5-34所示。

图5-32

图5-33

图5-34

（3）按Ctrl+N组合键，创建一个新的合成，命名为"噪波2"。选择"图层 > 新建 > 固态层"命令，新建一个灰色固态层，命名为"噪波2"。与前面制作合成"噪波"的步骤一样，添加"分形噪波"特效并添加加关键帧。选择"效果 > 色彩校正 > 曲线"命令，在"特效控制台"面板中调节曲线的参数，如图5-35所示。调节后，"合成"窗口中的效果如图5-36所示。

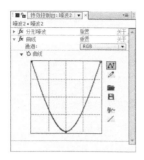

图5-35

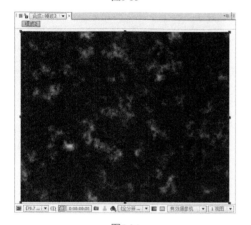

图5-36

（4）按Ctrl+N组合键，弹出"图像合成设置"对话框，在"合成组名称"文本框中输入"烟飘文字"，单击"确定"按钮，创建一个新的合成"烟飘文字"，如图5-37所示。在"项目"面板中，分别选中"文字""噪波"和"噪波2"合成并将它们拖曳到"时间线"面板中，层的排列如图5-38所示。

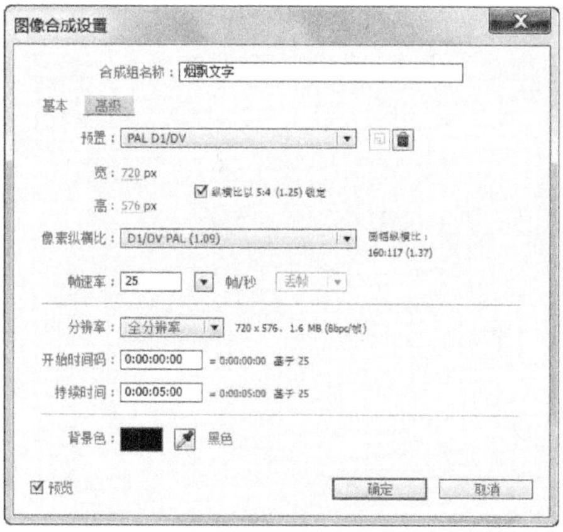

图5-37

图5-38

（5）选择"文件 > 导入 > 文件"命令，在弹出的"导入文件"对话框中，选择本书学习资源中的"Ch05\烟飘文字\（Footage）\ 01.jpg"文件，如图5-39所示，单击"打开"按钮，导入背景图片，并将其拖曳到"时间线"面板中，如图5-40所示。

图5-39

图5-40

（6）分别单击"噪波"和"噪波2"层左侧的眼睛按钮 👁，将层隐藏。选中"文字"层，选择"效果 > 模糊与锐化 > 复合模糊"命令，在"特效控制台"面板中进行参数设置，如图5-41所示。"合成"窗口中的效果如图

5-42所示。

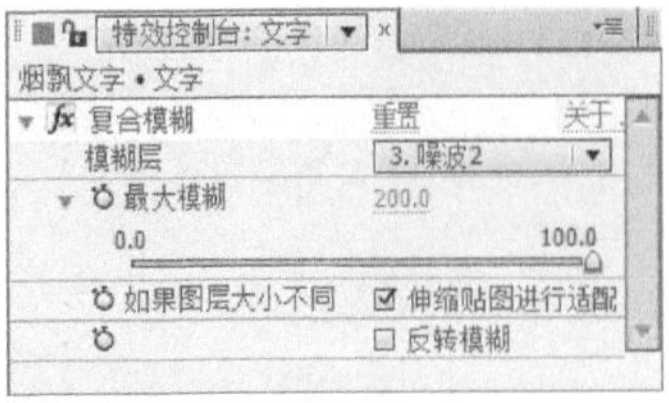

图5-41

图5-45

图5-42

（7）在"特效控制台"面板中，单击"最大模糊"选项左侧的"关键帧自动记录器"按钮 ⌚，如图5-43所示，记录第1个关键帧。将时间标签放置在4秒24帧的位置，在"特效控制台"面板中，设置"最大模糊"选项的数值为0，如图5-44所示，记录第2个关键帧。

图5-43

图5-44

（8）选择"效果 > 扭曲 > 置换映射"命令，在"特效控制台"面板中进行参数设置，如图5-45所示。烟飘文字制作完成，效果如图5-46所示。

图5-46

5.2.2　基本文字特效

"基本文字"特效用于创建文本或文本动画，可以指定文本的字体、样式、方向以及排列，如图5-47所示。

该特效还可以将文字创建在一个现有的图像层中，通过选择"合成于原始图像之上"选项，可以将文字与图像融合在一起，或者取消选择该选项，单独只使用文字，还提供了位置、填充与描边、大小、跟踪、行距等信息，如图5-48所示。

图5-47

图5-48

5.2.3 路径文字特效

"路径文字"特效用于制作字符沿某一条路径运动的动画效果。该特效对话框中提供了字体和样式设置，如图5-49所示。

"路径文字"特效面板中还提供了信息以及路径选项、填充与描边、字符、段落、高级和合成于原始图像上等设置，如图5-50所示。

图5-49

图5-50

5.2.4 编号

编号效果生成不同格式的随机数或序数，如小数、日期和时间码，甚至是当前日期和时间（在渲染时）。使用编码效果创建各种各样的计数器。序数的最大偏移是30,000。此效果适用于8-bpc颜色。在"编号"对话框中可以设置字体、样式、方向和排列等，如图5-51所示。

编号特效控制台面板中还提供格式、填充和描边、大小和跟踪等设置，如图5-52所示。

图5-51

图5-52

5.2.5 时间码特效

"时间码"特效主要用于在素材层中显示时间信息或者关键帧上的编码信息，还可以将时间码的信息译成密码并保存于层中以供显示。在时间码特效控制台面板中可以设置显示格式、源时间、文字位置、文字大小和文字色等，如图5-53所示。

图5-53

课堂练习——光效文字

练习知识要点： 使用"导入"命令导入素材；使用"基本文字"命令和"路径文字"命令输入文字；使用"shine"命令制作文字发光效果。光效文字效果如图5-54所示。

效果所在位置： Ch05\光效文字\光效文字.aep。

图5-54

课后习题——运动模糊文字

习题知识要点： 使用"横排文字"工具输入文字；使用"镜头光晕"命令添加镜头效果；使用"模式"编辑图层的混合模式。运动模糊文字效果如图5-55所示。

效果所在位置： Ch05\运动模糊文字\运动模糊文字.aep。

图5-55

第 6 章

应 用 特 效

本章介绍

　　本章主要介绍After Effects中各种效果控制面板及其应用方式和参数设置，并对有实用价值、存在一定难度的特效进行重点讲解。通过学习本章的内容，读者可以快速了解并掌握After Effects特效制作的精髓部分。

学习目标

◆ 初步了解效果的应用

◆ 了解模糊与锐化效果的应用方法

◆ 熟悉色彩校正效果的应用方法

◆ 了解生成效果的应用方法

◆ 掌握扭曲效果的应用方法

◆ 掌握杂波与颗粒效果的应用方法

◆ 了解模拟仿真效果的应用方法

◆ 熟悉风格化效果的应用方法

技能目标

◆ 掌握"闪白效果"的制作方法

◆ 掌握"水墨画效果"的制作方法

◆ 掌握"修复逆光照片"的制作方法

◆ 掌握"动感模糊文字"的制作方法

◆ 掌握"透视光芒"的制作方法

◆ 掌握"放射光芒"的制作方法

◆ 掌握"降噪"的制作方法

◆ 掌握"气泡效果"的制作方法

◆ 掌握"手绘效果"的制作方法

6.1 初步了解效果

After Effects软件本身自带了许多特效,包括音频、模糊与锐化、色彩校正、扭曲、键控、模拟仿真、风格化和文字等。效果不仅能够对影片进行丰富的艺术加工,还可以提高影片的画面质量和播放效果。

6.1.1 为图层添加效果

为图层添加效果的方法其实很简单,方式也有很多种,可以根据情况灵活应用。

⊙ 在"时间线"面板,选中某个图层,选择"效果"命令中的各项效果命令即可。

⊙ 在"时间线"面板,在某个图层上单击鼠标右键,在弹出的菜单中选择"效果"中的各项滤镜命令即可。

⊙ 选择"窗口 > 效果和预置"命令,或按Ctrl+5组合键,打开"效果和预置"面板,从分类中选中需要的效果,然后拖曳到"时间线"面板中的某层上即可,如图6-1所示。

图6-1

⊙ 在"时间线"面板中选择某层,然后选择"窗口 > 效果和预置"命令,打开"效果和预置"面板,双击分类中要选择的效果即可。

对于图层来讲,一个效果常常是不能完全满足创作需要的。只有使用以上描述的任意一种方法,为图层添加多个效果,才可以制作出复杂而千变万化的效果。但是,在同一图层应用多个效果时,一定要注意上下顺序,因为不同的顺序可能会有完全不同的画面效果,如图6-2和图6-3所示。

图6-2

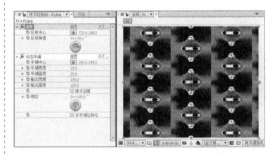

图6-3

改变效果顺序的方法也很简单,只要在"特效控制台"面板或者"时间线"面板中,上下拖曳所需要的效果到目标位置即可,如图6-4和图6-5所示。

图6-4

图6-5

6.1.2 调整、复制和删除效果

1. 调整效果

在为图层添加特效时，一般会自动将"特效控制台"面板打开，如果并未打开该面板，可以通过选择"窗口 > 特效控制台"命令，将"特效控制台"面板打开。

After Effects有多种效果，且各个效果的功能有所不同，调整方法分为5种。

⊙ **位置点定义**：一般用来设置特效的中心位置。调整的方法有两种：一种是直接调整后面的参数值；另一种是单击 ◈ 按钮，在"合成"预览窗口中的合适位置单击鼠标，效果如图6-6所示。

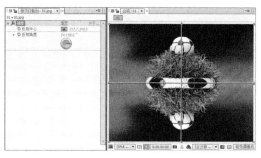

图6-6

⊙ **下拉菜单的选择**：各种单项式参数选择，一般不能通过设置关键帧制作动画。如果是可以设置关键帧动画的，也会像如图6-7所示那样，产生硬性停止关键帧，这种变化是一种突变，不能出现连续性的渐变效果。

图6-7

⊙ **调整滑块**：通过左右拖动滑块调整数值程度。不过需要注意：滑块并不能显示参数的极限值。例如复合模糊滤镜，在调整滑块中看到的调整范围是0到100，但是如果用直接输入数值的方法调整，最大值则能输入到4000，因此在滑块中看到的调整范围一般是常用的数值段，如图6-8所示。

⊙ **颜色选取框**：主要用于选取或者改变颜色，单击将会弹出如图6-9所示的色彩选择对话框。

⊙ **角度旋转器**：一般与角度和圈数设置有关，如图6-10所示。

图6-8

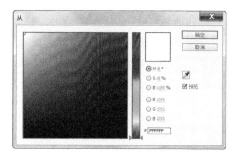

图6-9

图6-10

2. 删除效果

删除After Effects效果的方法很简单，只需要在"特效控制台"面板或者"时间线"面板中选择某个特效滤镜名称，按Delete键即可删除。

提示

在“时间线”面板中快速展开效果的方法是选中含有效果的图层，然后按E键。

3. 复制效果

如果只是在本图层中进行特效复制，只需要在“特效控制台”面板或者“时间线”窗口中选中特效，按Ctrl+D组合键即可实现。

如果是将特效复制到其他层使用，具体操作步骤如下。

（1）在“特效控制台”面板或者“时间线”面板中选中原图层的一个或多个效果。

（2）选择“编辑 > 复制”命令，或者按Ctrl+C组合键，完成效果复制操作。

（3）在“时间线”面板中，选中目标图层，然后选择“编辑 > 粘贴”命令，或按Ctrl+V组合键，完成效果粘贴操作。

4. 暂时关闭效果

在“特效控制台”面板或者“时间线”面板中，有一个非常方便的开关，可以帮助用户暂时关闭某一个或某几个效果，使其不起作用，如图6-11和图6-12所示。

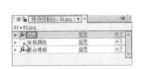

图6-11

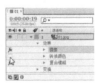

图6-12

6.1.3 制作关键帧动画

1. 在“时间线”面板中制作动画

（1）在“时间线”面板中选择某层，选择“效果 > 模糊与锐化 > 高斯模糊”命令，添加高斯模糊效果。

（2）按E键，展开特效属性，单击“高斯模糊”效果名称左侧的小三角形按钮，展开各项具体参数设置。

（3）单击“模糊量”选项左侧的“关键帧自动记录器”按钮，生成第1个关键帧，如图6-13所示。

（4）将当前时间标签移动到另一个时间位置，调整“模糊量”的数值，After Effects将自动生成第2个关键帧，如图6-14所示。

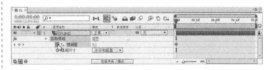

图6-13

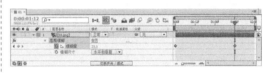

图6-14

（5）按数字键盘上的0键，预览动画。

2. 在“特效控制台”面板中制作关键帧动画

（1）在“时间线”面板中选择某层，选择“效果 > 模糊与锐化 > 高斯模糊”命令，添加高斯模糊效果。

（2）在“特效控制台”面板中，单击“模糊量”选项左侧的“关键帧自动记录器”按钮，如图6-15所示，或按住Alt键的同时，单击“模糊量”名称，生成第1个关键帧。

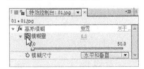

图6-15

（3）将当前时间标签移动到另一个时间位置，在“特效控制台”面板中，调整“模糊量”的数值，自动生成第2个关键帧。

6.1.4 使用特效预置

如果要赋予特效预置，在操作之前必须确定时间标签所处的时间位置，因为赋予的特效预置如果含有动画信息，将会以当前时间标签位置为动画的起始点，如图6-16和图6-17所示。

图6-16

图6-17

6.2　模糊与锐化

　　模糊与锐化效果用来使图像模糊和锐化。模糊效果是常应用的效果，也是一种简便易行的改变画面视觉效果的途径。动态的画面需要"虚实结合"，这样即使是平面的合成，也能给人空间感和对比感，更能让人产生联想，而且还可以使用模糊来提升画面的质量，有时很粗糙的画面经过处理后也会有良好的效果。

6.2.1　课堂案例——闪白效果

　　案例学习目标：学习使用图片多种模糊效果。

　　案例知识要点：使用"导入"命令导入素材；使用"快速模糊"命令、"色阶"命令制作图像闪白；使用"阴影"命令制作文字的投影效果；使用"特效预置"命令制作文字动画特效。闪白效果如图6-18所示。

　　效果所在位置：Ch06\闪白效果\闪白效果.aep。

图6-18

1. 导入素材

　　（1）按Ctrl+N组合键，弹出"图像合成设置"对话框，在"合成组名称"文本框中输入"闪白效果"，其他选项的设置如图6-19所示，单击"确定"按钮，创建一个新的合成"闪白效果"。

图6-19

　　（2）选择"文件 > 导入 > 文件"命令，在弹出的"导入文件"对话框中，选择本书学习资源中的"Ch06 \闪白效果\ (Footage) \ 01.jpg～07.jpg"共7个文件，单击"打开"按钮，图片被导入"项目"面板中，如图6-20所示。

图6-20

（3）在"项目"面板中，选中"01.jpg～05.jpg"文件，并将其拖曳到"时间线"面板中，层的排列如图6-21所示。将时间标签放置在3秒的位置，如图6-22所示。

图6-21

图6-22

（4）选中"01.jpg"层，按Alt+]组合键，设置动画的出点，"时间线"面板如图6-23所示。用相同的方法分别设置"03.jpg""04.jpg"和"05.jpg"层的出点，"时间线"面板如图6-24所示。

图6-23

图6-24

（5）将时间标签放置在4秒的位置，如图6-25所示。选中"02.jpg"层，按Alt+]组合键，设置动画的出点，"时间线"面板如图6-26所示。

图6-25

图6-26

（6）在"时间线"面板中选中"01.jpg"层，按住Shift键的同时选中"05.jpg"层，两层中间的层将被选中，选择"动画 > 关键帧辅助 > 序列图层"命令，弹出"序列图层"对话框，取消勾选"重叠"复选框，如图6-27所示，单击"确定"按钮，每个层依次排序，首尾相接，如图6-28所示。

图6-27

图6-28

（7）选择"图层 > 新建 > 调节层"命令，在"时间线"面板中新增一个调节层，如图6-29所示。

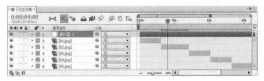

图6-29

2. 制作图像闪白

（1）选中"调节层1"层，选择"效果 > 模糊与锐化 > 快速模糊"命令，在"特效控制台"面板中进行参数设置，如图6-30所示。"合成"窗口中的效果如图6-31所示。

图6-30　　　　　　　　图6-31

（2）选择"效果 > 色彩校正 > 色阶"命令，在"特效控制台"面板中进行参数设置，如图6-32所示。"合成"窗口中的效果如图6-33所示。

图6-32　　　　　　　　图6-33

（3）将时间标签放置在0秒的位置，在"特效控制台"面板中，单击"快速模糊"特效中的"模糊量"选项左侧和"色阶"特效中的"柱形图"选项左侧的"关键帧自动记录器"按钮，记录第1个关键帧，如图6-34所示。

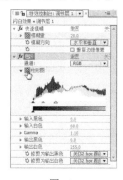

图6-34

（4）将时间标签放置在第6帧的位置，在"特效控制台"面板中，设置"模糊量"选项的数值为0，"输入白色"选项的数值为255，如图6-35所示，记录第2个关键帧。"合成"窗口中的效果如图6-36所示。

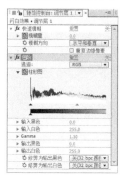 

图6-35　　　　　　　　图6-36

（5）将时间标签放置在2秒4帧的位置，按U键展开所有关键帧。单击"时间线"面板中"模糊量"选项左侧和"柱形图"选项左侧的"在当前时间添加或移除关键帧"按钮，记录第3个关键帧，如图6-37所示。

图6-37

（6）将时间标签放置在2秒14帧的位置，在"特效控制台"面板中，设置"模糊量"选项的数值为7，"输入白色"选项的数值为94，如图6-38所示，记录第4个关键帧。"合成"窗口中的效果如图6-39所示。

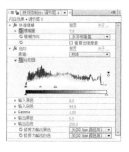 

图6-38　　　　　　　　图6-39

（7）将时间标签放置在3秒8帧的位置，在"特效控制台"面板中，设置"模糊量"选项的数值为20，"输入白色"选项的数值为58，如图6-40所示，记录第5个关键帧。"合成"窗口中的效果如图6-41所示。

图6-40　　　　　　　图6-41

（8）将时间标签放置在3秒18帧的位置，在"特效控制台"面板中，设置"模糊量"选项的数值为0，"输入白色"选项的数值为255，如图6-42所示，记录第6个关键帧。"合成"窗口中的效果如图6-43所示。

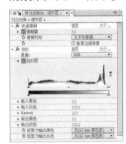

图6-42　　　　　　　图6-43

（9）至此完成了第一段素材与第二段素材之间的闪白动画的制作。用同样的方法制作其他素材的闪白动画，如图6-44所示。

图6-44

3. 编辑文字

（1）在"项目"面板中，选中"06.jpg"文件并将其拖曳到"时间线"面板中，层的排列如图6-45所示。将时间标签放置在15秒23帧的位置，按Alt+ [组合键，设置动画的入点，"时间线"面板如图6-46所示。

图6-45

图6-46

（2）将时间标签放置在20秒的位置，选择"横排文字"工具 T ，在"合成"窗口中输入文字"数码摄影欣赏"。选中文字，在"文字"面板中，设置"填充色"为青绿色（其R、G、B选项值分别为76、244、255），在"段落"面板中设置对齐方式为文字居中，其他参数设置如图6-47所示。"合成"窗口中的效果如图6-48所示。

图6-47　　　　　　　图6-48

（3）选中"文字"层，把该层拖曳到调节层的下面，选择"效果 > 透视 > 阴影"命令，在"特效控制台"面板中进行参数设置，如图6-49所示。"合成"窗口中的效果如图6-50所示。

图6-49　　　　　　图6-50

（4）将时间标签放置在16秒16帧的位置，选择"窗口 > 效果和预置"命令，打开"效果和预置"面板，展开"动画预设"选项，双击"Text > Animate In > Smooth Move In"选项，文字层会自动添加动画效果。"合成"窗口中的效果如图6-51所示。

图6-51

（5）在"时间线"面板中选择"文字"层，按U键展开所有关键帧，可以看到"Smooth Move In"动画的关键帧，如图6-52所示。

图6-52

（6）在"项目"面板中，选中"07.jpg"文件并将其拖曳到"时间线"面板中，设置层的混合模式为"屏幕"，层的排列如图6-53所示。将时间标签放置在18秒13帧的位置，选中"07.jpg"层，按Alt+ [组合键，设置动画的入点，"时间线"面板如图6-54所示。

图6-53

图6-54

（7）选中"07.jpg"层，按P键，展开"位置"属性，设置"位置"选项的数值为800、308，单击"位置"选项左侧的"关键帧自动记录器"按钮，如图6-55所示，记录第1个关键帧。将时间标签放置在20秒的位置，设置"位置"选项的数值为-80、308，记录第2个关键帧，如图6-56所示。

图6-55

图6-56

（8）选中"07.jpg"层，按Ctrl+D组合键复制图层，按U键，展开所有关键帧，将时间标签放置在18秒13帧的位置，设置"位置"选项的数值为-80、308，如图6-57所示。将时间标签放置在20秒的位置，设置"位置"选项的数值为

800、308，如图6-58所示。

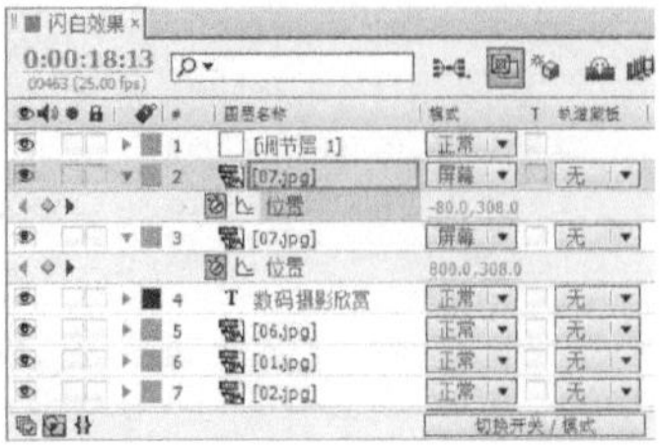

图6-57

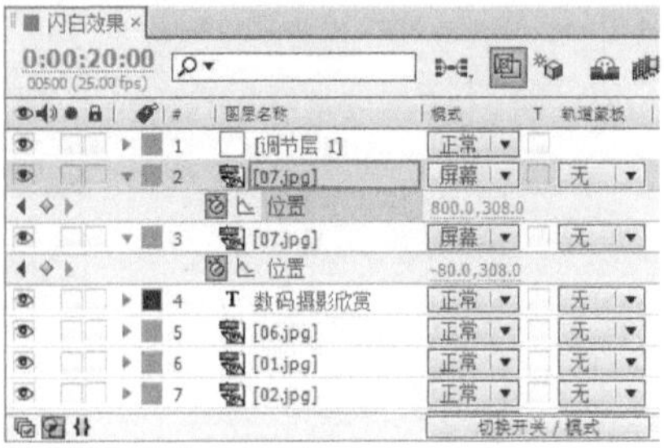

图6-58

（9）闪白效果制作完成，如图6-59所示。

图6-59

6.2.2 高斯模糊

高斯模糊特效用于模糊和柔化图像，可以去除杂点。高斯模糊能产生更细腻的模糊效果，尤其是单独使用的时候，如图6-60所示。

图6-60

模糊量：调整图像的模糊程度。

模糊尺寸：设置模糊的方式。提供了水平、垂直、水平和垂直3种模糊方式。

高斯模糊特效演示如图6-61、图6-62和

图6-63所示。

图6-61

图6-62

图6-63

6.2.3 方向模糊

方向模糊也被称为定向模糊。这是一种十分具有动感的模糊效果，可以产生任何方向的运动视觉。当图层为草稿质量时，应用图像边缘的平均值；为最高质量的时候，应用高斯模式的模糊，产生平滑、渐变的模糊效果，如图6-64所示。

图6-64

方向：调整模糊的方向。

模糊长度：调整滤镜的模糊程度，数值越大，模糊的程度也就越大。

方向模糊特效演示如图6-65、图6-66和图6-67所示。

图6-65

图6-66

图6-67

6.2.4 径向模糊

径向模糊特效可以在层中围绕特定点为图像增加移动或旋转模糊的效果，径向模糊特效的参数设置如图6-68所示。

图6-68

模糊量： 控制图像的模糊程度。模糊程度的大小取决于模糊量，在旋转类型状态下模糊量表示旋转模糊程度，而在缩放类型状态下模糊量表示缩放模糊程度。

中心： 调整模糊中心点的位置。可以通过单击按钮 在视频窗口中指定中心点位置。

类型： 设置模糊类型。其中提供了旋转和缩放两种模糊类型。

抗锯齿（最高品质）： 该功能只在图像的最高品质下起作用。

径向模糊特效演示如图6-69、图6-70和图6-71所示。

图6-69

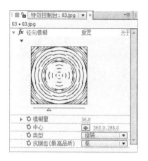

图6-70

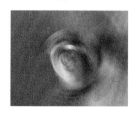

图6-71

6.2.5 快速模糊

快速模糊特效用于设置图像的模糊程度，它和高斯模糊十分类似，而它在大面积应用的时候实现速度更快，效果更明显，如图6-72所示。

图6-72

模糊量： 用于设置模糊程度。

模糊方向： 设置模糊方向，分别有水平、垂直、水平和垂直3种方式。

重复边缘像素： 勾选此复选框，可让边缘保持清晰度。

快速模糊特效演示如图6-73、图6-74和图6-75所示。

图6-73   图6-74

图6-75

6.2.6 锐化滤镜

锐化特效用于锐化图像，在图像颜色发生变化的地方提高图像的对比度，如图6-76所示。

图6-76

锐化量： 用于设置锐化的程度。

锐化特效演示如图6-77、图6-78和图6-79所示。

图6-77　　　　　　　　　　图6-78

图6-79

6.3 > 色彩校正

在视频制作过程中，对画面颜色进行处理是一项很重要的内容，有时直接影响效果的成败，色彩校正效果组下的众多特效可以用来对色彩不好的画面进行颜色的修正，也可以对色彩正常的画面进行颜色调节，使其更加精彩。

6.3.1 课堂案例——水墨画效果

案例学习目标： 学习使用调整图像色相位/饱和度、亮度与对比度。

案例知识要点： 使用"查找边缘"命令、"色相位/饱和度"命令、"色阶"命令、"高斯模糊"命令制作水墨画效果。水墨画效果如图6-80所示。

效果所在位置： Ch06\水墨画效果\水墨画效果.aep。

图6-80

1. 导入并编辑素材

（1）按Ctrl+N组合键，弹出"图像合成设置"对话框，在"合成组名称"文本框中输入"水墨画效果"，其他选项的设置如图6-81所示，单击"确定"按钮，创建一个新的合成"水墨画效果"。

图6-81

（2）选择"文件 > 导入 > 文件"命令，在弹出的"导入文件"对话框中，选择本书学习资源中的"Ch06\水墨画效果\ (Footage) \01.jpg、02.png"文件，单击"打开"按钮，图片被导入到"项目"面板中，如图6-82所示。

图6-82

（3）在"项目"面板中，选中"01.jpg"文件并将其拖曳到"时间线"面板中，如图6-83所示。按Ctrl+D组合键复制图层，单击复制层左侧的眼睛按钮👁，关闭该层的可视性，如图6-84所示。

图6-83　　　　　　　图6-84

（4）选中"图层2"层，选择"效果 > 风格化 > 查找边缘"命令，在"特效控制台"面板中进行参数设置，如图6-85所示。"合成"窗口中的效果如图6-86所示。

图6-85

图6-86

（5）选择"效果> 色彩校正 > 色相位/饱和度"命令，在"特效控制台"面板中进行参数设置，如图6-87所示。"合成"窗口中的效果如图6-88所示。

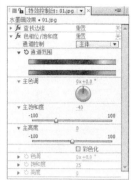

图6-87　　　　　　　图6-88

（6）选择"效果 > 色彩校正 > 曲线"命令，在"特效控制台"面板中调整曲线，如图6-89所示。"合成"窗口中的效果如图6-90所示。

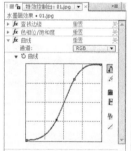

图6-89　　　　　　　图6-90

（7）选择"效果 > 模糊与锐化 > 高斯模糊"命令，在"特效控制台"面板中进行参数设置，如图6-91所示。"合成"窗口中的效果如图6-92所示。

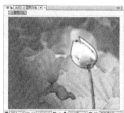

图6-91　　　　　　　图6-92

2. 制作水墨画效果

（1）在"时间线"面板中，单击"图层1"层左侧的眼睛按钮 ⊙，打开该层的可视性。按T键，展开"透明度"属性，设置"透明度"选项的数值为70，图层的混合模式为"正片叠底"，如图6-93所示。"合成"窗口中的效果如图6-94所示。

图6-93

图6-94

（2）选择"效果 > 风格化 > 查找边缘"命令，在"特效控制台"面板中进行参数设置，如图6-95所示。"合成"窗口中的效果如图6-96所示。

图6-95

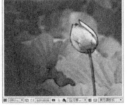

图6-96

（3）选择"效果 > 色彩校正 > 色相位/饱和度"命令，在"特效控制台"面板中进行参数设置，如图6-97所示。"合成"窗口中的效果如图6-98所示。

（4）选择"效果 > 色彩校正 > 曲线"命令，在"特效控制台"面板中调整曲线，如图6-99所示。"合成"窗口中的效果如图6-100所示。

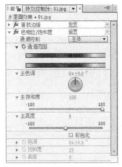

图6-97

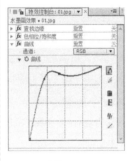

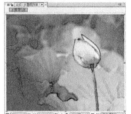

图6-99　　　　　　　　图6-100

（5）选择"效果 > 模糊与锐化 > 快速模糊"命令，在"特效控制台"面板中进行参数设置，如图6-101所示。"合成"窗口中的效果如图6-102所示。

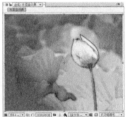

图6-101　　　　　　　　图6-102

（6）在"项目"面板中，选中"02.png"文件并将其拖曳到"时间线"面板中。按P键，展开"位置"属性，设置"位置"选项的数值为328、322，如图6-103所示。水墨画效果制作完成，如图6-104所示。

图6-103

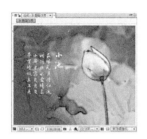

图6-104

6.3.2 亮度与对比度

亮度与对比度特效用于调整画面的亮度和对比度，可以同时调整所有像素的高亮、暗部和中间色，操作简单且有效，但不能对单一通道进行调节，如图6-105所示。

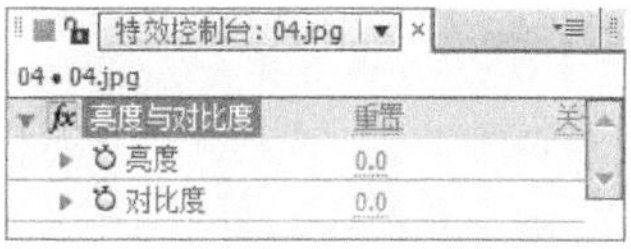

图6-105

亮度：用于调整亮度值。正值增加亮度，负值降低亮度。

对比度：用于调整对比度值。正值增加对比度，负值降低亮度。

亮度与对比度特效演示如图6-106、图6-107和图6-108所示。

图6-106

图6-107

图6-108

6.3.3 曲线

曲线特效用于调整图像的色调曲线。After Effects里的曲线控制与Photoshop中的曲线控制功能类似，可对图像的各个通道进行控制，调节图像色调范围。可以用0~255的灰阶调节颜色，用色阶也可以完成同样的工作，但是曲线控制能力更强。曲线特效控制台是After Effects里非常重要的一个调色工具。

After Effects可通过坐标来调整曲线。图6-109中的水平坐标代表像素的原始亮度级别，垂直坐标代表输出亮度值。可以通过移动曲线上的控制点编辑曲线，任何曲线的Gamma值都表示为输入、输出的对比度。向上移动曲线控制点可降低Gamma值，向下移动可增加Gamma值，Gamma值决定了影响中间色调的对比度。

图6-109

在曲线图表中，可以调整图像的阴影部分、中间色调区域和高亮区域。

通道：用于选择进行调控的通道，可以选择RGB、红、绿、蓝和Alpha通道分别进行调控。需要在通道下拉列表中指定图像通道。可以同时调节图像的RGB通道，也可以对红、绿、蓝和Alpha通道分别进行调节。

曲线：用来调整Gamma值，即输入（原始亮度）和输出的对比度。

曲线工具：选中曲线工具并单击曲线，可以在曲线上增加控制点。如果要删除控制点，可在曲线上选中要删除的控制止点，将其拖曳至坐标区域外即可。按住鼠标拖曳控制点，可对曲线进行编辑。

铅笔工具：选中铅笔工具，可以在坐标区域中拖曳光标，绘制一条曲线。

平滑工具：使用平滑工具，可以平滑曲线。

直线工具：可以将坐标区域中的曲线恢复为直线。

存储工具：可以将调节完成的曲线存储为一个.amp或.acv文件，以供再次使用。

打开工具：可以打开存储的曲线调节文件。

6.3.4 色相位/饱和度

色相位/饱和度特效用于调整图像的色调、饱和度和亮度。其效果的功能和色彩平衡一样，但利用的颜色是通过色相轮进行控制的，如图6-110所示。

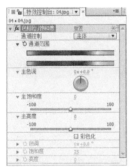

图6-110

通道控制：选择颜色通道，如果选择"主体"时，对所有颜色应用效果，而如果分别选择红、黄、绿、青、蓝和品红通道时，则对所选颜色应用效果。

通道范围：显示颜色映射的谱线，用于控制通道范围。上面的色条表示调节前的颜色，下面的色条表示在满饱和度下进行调节将对色调进行调整。当对单独的通道进行调节时，下面的色条会显示控制滑块。拖曳竖条可调节颜色范围，拖曳三角可调整羽化量。

主色调：控制所调节的颜色通道色调，可利用颜色控制轮盘（代表色轮）改变总的色调。

主饱和度：用于调整主饱和度。通过调节滑块，控制所调节的颜色通道的饱和度。

主亮度：用于调整主亮度。通过调节滑块，控制所调节的颜色通道的亮度。

彩色化：用于调整图像为一个色调值，可以将灰阶图转换为带有色调的双色图。

色调：通过颜色控制轮盘，控制图像彩色化后的色调。

饱和度：通过调节滑块，控制图像彩色化后的饱和度。

亮度：通过调节滑块，控制图像彩色化后的亮度。

🔍 **提示**

色相位/饱和度特效是After Effects里一个非常重要的调色工具，在更改对象色相属性时很方便。在调节颜色的过程中，可以使用色轮来预测一个颜色成分中的更改是如何影响其他颜色的，并了解这些更改如何在RGB色彩模式间转换。

色相位/饱和度特效演示如图6-111、图6-112和图6-113所示。

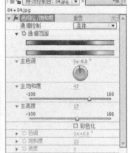

图6-111　　　　　　　　　　图6-112

图6-113

6.3.5　课堂案例——修复逆光照片

案例学习目标：学习使用色阶调整图片。

案例知识要点：使用"导入"命令导入图片；使用"色阶"命令修改图片。修复逆光照片效果如图6-114所示。

效果所在位置：Ch06\修复逆光照片\修复逆光照片.aep。

图6-114

（1）选择"文件 > 导入 > 文件"命令，在弹出的"导入文件"对话框中，选择本书学习资源中的"Ch06\修复逆光照片\（Footage）\01.jpg"文件，单击"打开"按钮，图片被导入"项目"面板中，如图6-115所示。在"项目"面板中，选中"01.jpg"文件并将其拖曳到下方的"新建合成"按钮■上，如图6-116所示，松开鼠标，自动创建一个项目合成。

图6-115　　　　　　　图6-116

（2）在"时间线"面板中，按Ctrl+K组合键，弹出"图像合成设置"对话框，在"合成组名称"文本框中输入"修复逆光照片"，单击"确定"按钮，将合成命名为"修复逆光照片"，如图6-117所示。"合成"窗口中的效果如图6-118所示。

（3）选中"01.jpg"图层，选择"效果 > 色彩校正 > 色阶"命令，在"特效控制台"面板中进行参数设置，如图6-119所示。修复逆光照片效果制作完成，如图6-120所示。

图6-117

图6-118

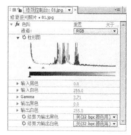

图6-119　　　　　　　图6-120

6.3.6　色彩平衡

色彩平衡特效用于调整图像的色彩平衡。通过对图像的红、绿、蓝通道分别进行调节，可调节颜色在暗部、中间色调和高亮部分的强度，如图6-121所示。

图6-121

阴影红色/绿色/蓝色平衡：用于调整RGB彩色的阴影范围平衡。

中值红色/绿色/蓝色平衡：用于调整RGB彩色的中间亮度范围平衡。

高光红色/绿色/蓝色平衡：用于调整RGB彩色的高光范围平衡。

保持亮度：该选项用于保持图像的平均亮度，从而保持图像的整体平衡。

色彩平衡特效演示如图6-122、图6-123和图6-124所示。

图6-122　　　　　　　　图6-123

图6-124

6.3.7　色阶

色阶特效是一个常用的调色特效工具，用于将输入的颜色范围重新映射到输出的颜色范围，还可以改变Gamma校正曲线。色阶主要用于基本的影像质量调整，如图6-125所示。

图6-125

通道：用于选择要进行调控的通道。可以选择RGB彩色通道、Red红色通道、Green绿色通道、Blue蓝色通道和Alpha透明通道分别进行调控。

柱形图：可以通过该图了解到像素在图像中的分布情况。水平方向表示亮度值，垂直方向表示该亮度值的像素数值。像素值不会比输入黑色值更低，也不会比输入白色值更高。

输入黑色：输入黑色用于限定输入图像黑色值的阈值。

输入白色：输入白色用于限定输入图像白色值的阈值。

Gamma：设置伽马值，用于调整输入输出对比度。

输出黑色：黑色输出用于限定输出图像黑色值的阈值，黑色输出在图下方灰阶条中。

输出白色：白色输出用于限定输出图像白色值的阈值，白色输出在图下方灰阶条中。

色阶特效演示如图6-126、图6-127和图6-128所示。

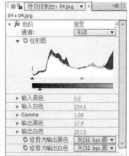

图6-126　　　　　　　　图6-127

图6-128

6.4 生成

生成效果组里包含很多特效，可以创造一些原画面中没有的效果，这些效果在制作动画的过程中有着广泛的应用。

6.4.1　课堂案例——动感模糊文字

案例学习目标：学习使用镜头光晕效果。

案例知识要点：使用"卡片擦除"命令制作动感文字；使用滤镜特效"方向模糊"命令、"色阶"命令、"Shine"命令制作文字发光并改变发光颜色；使用"镜头光晕"命令添加镜头光晕效果。动感模糊文字效果如图6-129所示。

效果所在位置：Ch06\动感模糊文字\动感模糊文字.aep。

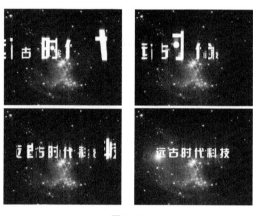

图6-129

1．输入文字

（1）按Ctrl+N组合键，弹出"图像合成设置"对话框，在"合成组名称"文本框中输入"动感模糊文字"，其他选项的设置如图6-130所示，单击"确定"按钮，创建一个新的合成"动感模糊文字"。

（2）选择"文件 > 导入 > 文件"命令，在弹出的"导入文件"对话框中，选择本书学习资源中的"Ch06 \动感模糊文字\ (Footage) \ 01.jpg"

文件，单击"打开"按钮，图片被导入"项目"面板中，如图6-131所示。并将其拖曳到"时间线"面板中。

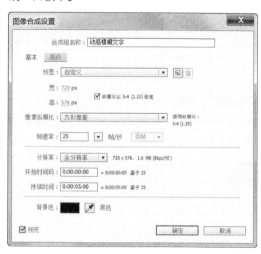

图6-130

图6-131

（3）选择"横排文字"工具 T，在"合成"窗口输入文字"远古时代科技"。选中文字，在"文字"面板中，设置"填充色"为白色，其他参数设置如图6-132所示。"合成"窗口中的效果如图6-133所示。

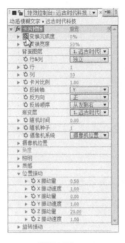

图6-132　　　　　　　　图6-133

图6-136　　　　　　　　图6-137

图6-138

2．添加文字特效

（1）选中"文字"层，选择"效果 > 过渡 > 卡片擦除"命令，在"特效控制台"面板中进行参数设置，如图6-134所示。"合成"窗口中的效果如图6-135所示。

图6-134　　　　　　　　图6-135

（2）将时间标签放置在0秒的位置。在"特效控制台"面板中，单击"变换完成度"选项左侧的"关键帧自动记录器"按钮，如图6-136所示，记录第1个关键帧。

（3）将时间标签放置在2秒的位置，在"特效控制台"面板中，设置"变换完成度"选项的数值为100，如图6-137所示，记录第2个关键帧。"合成"窗口中的效果如图6-138所示。

（4）将时间标签放置在0秒的位置，在"特效控制台"面板中，展开"摄像机位置"选项，设置"Y轴旋转"选项的数值为100、0，"Z位置"选项的数值为1。分别单击"摄像机位置"下的"Y轴旋转"和"Z位置"，"位置振动"下的"X振动量"和"Z振动量"选项前面的"关键帧自动记录器"按钮，如图6-139所示。

图6-139

（5）将时间标签放置在2秒的位置，设置"Y轴旋转"选项的数值为0、0，"Z位置"选项的数值为2，"X振动量"选项的数值为0，"Z振动量"选项的数值为0，如图6-140所示。"合成"窗口中的效果如图6-141所示。

图6-140　　　　　　　图6-141

3. 添加文字动感效果

（1）选中"文字"层，按Ctrl+D组合键复制图层，如图6-142所示。在"时间线"面板中，设置新复制层的混合模式为"添加"，如图6-143所示。

图6-142

图6-143

（2）选中新复制的层，选择"效果 > 模糊与锐化 > 方向模糊"命令，在"特效控制台"面板中进行参数设置，如图6-144所示。"合成"窗口中的效果如图6-145所示。

图6-144

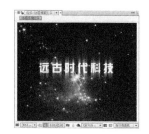

图6-145

（3）将时间标签放置在0秒的位置，在"特效控制台"面板中，单击"模糊长度"选项左侧的"关键帧自动记录器"按钮，记录第1个关键帧。将时间标签放置在1秒的位置，在"特效控制台"面板中，设置"模糊长度"选项的数值为100，如图6-146所示。"合成"窗口中的效果如图6-147所示。

图6-146　　　　　　　图6-147

（4）将时间标签放置在2秒的位置，在"特效控制台"面板中，设置"模糊长度"选项的数值为100。将时间标签放置在2秒5帧的位置，在"特效控制台"面板中，设置"模糊长度"选项的数值为150，如图6-148所示。"合成"窗口中的效果如图6-149所示。

图6-148　　　　　　　图6-149

（5）选择"效果 > 色彩校正 > 色阶"命令，在"特效控制台"面板中进行参数设置，如图6-150所示。选择"效果>Trapcode>Shine"命令，在"特效控制台"面板中进行参数设置，如图6-151所示。"合成"窗口中的效果如图6-152所示。

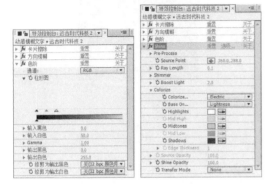

图6-150　　　　　　　　图6-151

图6-152

（6）在当前合成中建立一个新的黑色固态层"遮罩"。按P键，展开"位置"属性，将时间标签放置在2秒的位置，设置"位置"选项的数值为360、288，单击"位置"选项左侧的"关键帧自动记录器"按钮，如图6-153所示，记录第1个关键帧。将时间标签放置在3秒的位置，设置"位置"选项的数值为1080、288，如图6-154所示，记录第2个关键帧。

图6-153

图6-154

（7）选中"图层2"图层，将层的"T轨道蒙版"选项设置为"Alpha蒙版'遮罩'"，如图6-155所示。"合成"窗口中的效果如图6-156所示。

图6-155

图6-156

4. 添加镜头光晕

（1）将时间标签放置在2秒的位置，在当前合成中建立一个新的黑色固态层"光晕"，如图6-157所示。在"时间线"面板中，设置"光晕"层的模式为"添加"，如图6-158所示。

图6-157

图6-158

（2）选中"光晕"层，选择"效果 > 生成 > 镜头光晕"命令，在"特效控制台"面板中进行参数设置，如图6-159所示。"合成"窗口中的效果如图6-160所示。

图6-159

图6-160

（3）在"特效控制台"面板中，单击"光晕中心"选项左侧的"关键帧自动记录器"按钮 ，如图6-161所示，记录第1个关键帧。将时间标签放置在3秒的位置，在"特效控制台"面板中，设置"光晕中心"选项的数值为720、288，如图6-162所示，记录第2个关键帧。

图6-161 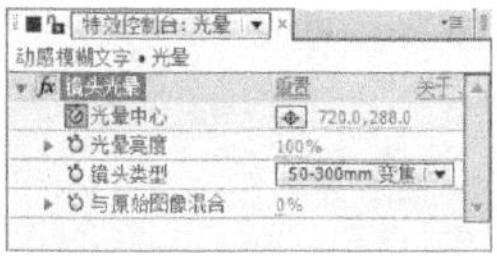　　　　图6-162

（4）选中"光晕"层，将时间标签放置在2秒的位置，按Alt+ [组合键设置入点，如图6-163所示。将时间标签放置在3秒的位置，按Alt+] 组合键设置出点，如图6-164所示。

图6-163

图6-164

（5）动感模糊文字效果制作完成，如图6-165所示。

图6-165

6.4.2　高级闪电

闪电特效可以用来模拟真实的闪电和放电效果，并自动设置动画，其参数设置如图6-166所示。

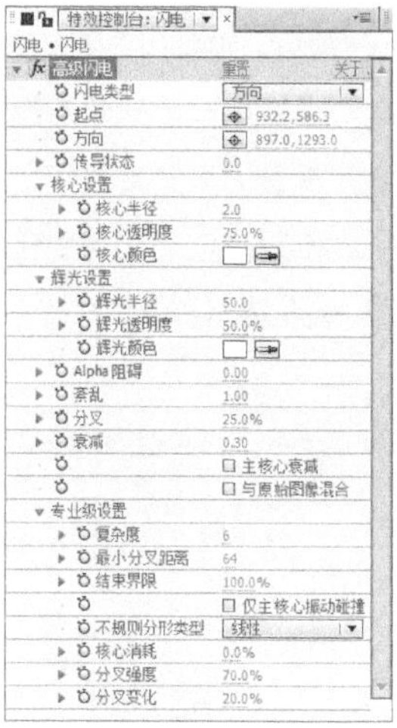

图6-166

闪电类型：设置闪电的种类。

起点：闪电的起始位置。

方向：闪电的结束拉置。

传导状态：设置闪电的主干变化。

核心半径：设置闪电主干的宽度。

核心透明度：设置闪电主干的透明度。

核心颜色：设置闪电主干的颜色。

辉光半径：设置闪电光晕的大小。

辉光透明度：设置闪电光晕的不透明度。

辉光颜色：设置闪电光晕的颜色。

Alpha阻碍：设置闪电阻碍的大小。

紊乱：设置闪电的流动变化。

分叉：设置闪电的分叉数量。

衰减：设置闪电的衰减数量。

主核心衰减：设置闪电的主核心衰减量。

与原始图像混合：勾选此选项可以直接针对图片设置闪电。

复杂度：设置闪电的复杂程度。

最小分叉距离：分叉之间的距离。值越高，分叉越少。

结束界限：为低值时闪电更容易终止。

仅主核心振动碰撞：选中该复选框，只有主核心会受到Alpha阻碍的影响，从主核心衍生出的分叉不会受到影响。

不规则分形类型：设置闪电主干的线条样式。

核心消耗：设置闪电主干的渐隐结束。

分叉强度：设置闪电分叉的强度。

分叉变化：设置闪电分叉的变化。

高级闪电特效演示如图6-167、图6-168和图6-169所示。

图6-167　　　　　　　　图6-168

图6-169

6.4.3　镜头光晕

镜头光晕特效可以模拟镜头拍摄到发光的物体上时，由于经过多片镜头所产生的很多光环效果，这是后期制作中经常使用的提升画面效果的手法，如图6-170所示。

图6-170

光晕中心：设置发光点的中心位置。

光晕亮度：设置光晕的亮度。

镜头类型：选择镜头的类型，有50-300mm变焦、35mm聚焦和105mm聚焦。

与原始图像混合：和原素材图像的混合程度。

镜头光晕特效演示如图6-171、图6-172和图6-173所示。

图6-171　　　　　　　　图6-172

图6-173

6.4.4　课堂案例——透视光芒

案例学习目标：学习使用编辑单元格特效。

案例知识要点：使用滤镜特效"蜂巢图案"命令、"亮度与对比度"命令、"快速模糊"命令、"辉光"命令制作光芒形状；使用"3D图层"编辑透视效果。透视光芒效果如图6-174所示。

效果所在位置：Ch06\透视光芒\透视光芒.aep。

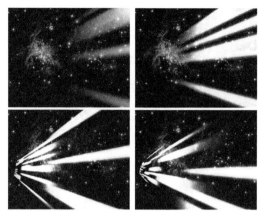

图6-174

1. 编辑单元格形状

（1）按Ctrl+N组合键，弹出"图像合成设置"对话框，在"合成组名称"文本框中输入"透视光芒"，其他选项的设置如图6-175所示，单击"确定"按钮，创建一个新的合成"透视光芒"。

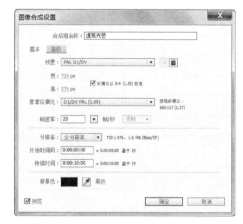

图6-175

（2）选择"文件 > 导入 > 文件"命令，在弹出的"导入文件"对话框中，选择本书学习资源中的"Ch06\透视光芒\（Footage）\01.jpg"文件，单击"打开"按钮，导入图片，并将其拖曳到"时间线"面板中，如图6-176所示。

（3）选择"图层 > 新建 > 固态层"命令，弹出"固态层设置"对话框，在"名称"文本框中输入"光芒"，将"颜色"设置为黑色，单击"确定"按钮，在"时间线"面板中新增一个黑色固态层，如图6-177所示。

图6-176　　　　　　　图6-177

（4）选中"光芒"层，选择"效果 > 生成 > 蜂巢图案"命令，在"特效控制台"面板中进行参数设置，如图6-178所示。"合成"窗口中的效果如图6-179所示。

图6-178　　　　　　　图6-179

（5）在"特效控制台"面板中，单击"展开"选项左侧的"关键帧自动记录器"按钮，如图6-180所示，记录第1个关键帧。将时间标签放置在9秒24帧的位置，在"特效控制台"面板中，设置"展开"选项的数值为7、0，如图6-181所示，记录第2个关键帧。

图6-180　　　　　　　图6-181

（6）选择"效果 > 色彩校正 > 亮度与对比度"命令，在"特效控制台"面板中进行参数设置，如图6-182所示。"合成"窗口中的效果如图6-183所示。

图6-182　　　　　图6-183

（7）选择"效果 > 模糊与锐化 > 快速模糊"命令，在"特效控制台"面板中进行参数设置，如图6-184所示。"合成"窗口中的效果如图6-185所示。

图6-184　　　　　图6-185

（8）选择"效果 > 风格化 > 辉光"命令，在"特效控制台"面板中，设置"颜色A"为黄色（其R、G、B的值分别为255、228、0），"颜色B"为红色（其R、G、B的值分别为255、0、0），其他参数设置如图6-186所示。"合成"窗口中的效果如图6-187所示。

图6-186　　　　　图6-187

2. 添加透视效果

（1）选择"矩形遮罩"工具▣，在"合成"窗口中拖曳鼠标指针绘制一个矩形遮罩，选中"光芒"层，按两次M键，展开遮罩属性，设置"遮罩透明度"选项的数值为100，"遮罩羽化"选项的数值为233，如图6-188所示。"合成"窗口中的效果如图6-189所示。

图6-188

图6-189

（2）选择"图层 > 新建 > 摄像机"命令，弹出"摄像机设置"对话框，在"名称"文本框中输入"摄像机1"，其他选项的设置如图6-190所示，单击"确定"按钮，在"时间线"面板中新增一个摄像机层，如图6-191所示。

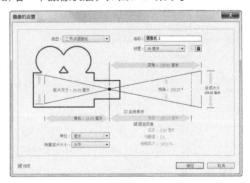

图6-190

图6-191

（3）选中"光芒"层，单击"光芒"层右侧的"3D图层"按钮◙，打开三维属性，设置"变换"选项，如图6-192所示。"合成"窗口中的效果如图6-193所示。

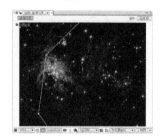

图6-192

图6-194

图6-195

（4）将时间标签放置在0秒的位置，单击"定位点"选项左侧的"关键帧自动记录器"按钮⏱，如图6-194所示，记录第1个关键帧。将时间标签放置到9秒24帧的位置。设置"定位点"选项的数值为497.7、320、-10，记录第2个关键帧，如图6-195所示。

（5）在"时间线"面板中，设置"光芒"层的模式为"线性减淡"，如图6-196所示。透视光芒效果制作完成，如图6-197所示。

图6-196

图6-197

6.4.5 蜂巢图案

蜂巢图案特效可以创建多种类型的类似细胞图案的单元图案拼合效果，如图6-198所示。

图6-198

蜂巢图案：选择图案的类型，包括"气泡""结晶""盘面""静盘面""结晶化""枕状""高品质结晶""高品质盘面""高品质静态盘面""高品质结晶化""混合结晶"和"管状"。

反转：反转图案效果。

对比度：设置单元格的颜色对比度。

溢出：包括"修剪""柔和夹住""背面包围"。

分散：设置图案的分散程度。

大小：设置单个图案大小尺寸。

偏移：设置图案偏离中心点的量。

平铺选项：在该项下勾选"启用平铺"复选框后，可以设置水平单元格和垂直单元格的数值。

展开：为这个参数设置关键帧，可以记录运动变化的动画效果。

展开选项：设置图案的各种扩展变化。

循环（周期）：设置图案的循环。

随机种子：设置图案的随机速度。

蜂巢图案特效演示如图6-199、图6-200和图6-201所示。

图6-199　　　　　　　　图6-200

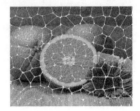

图6-201

6.4.6 棋盘

棋盘特效能在图像上创建棋盘格的图案效果，如图6-202所示。

图6-202

定位点：设置棋盘格的位置。

大小来自：选择棋盘的尺寸类型，包括"角点""宽度滑块"和"宽度和高度滑块"。

角点：只有在"大小来自"中选中"角点"选项，才能激活此选项。

宽：只有在"大小来自"中选中"宽度滑块"或"宽度和高度滑块"选项，才能激活此选项。

高：只有在"大小来自"中选中"宽度滑块"或"宽度和高度滑块"选项，才能激活此选项。

羽化：设置棋盘格子水平或垂直边缘的羽化程度。

颜色：选择格子的颜色。

透明度：设置棋盘的透明度。

混合模式：棋盘与原图的混合方式。

棋盘特效演示如图6-203、图6-204和图6-205所示。

图6-205

图6-203 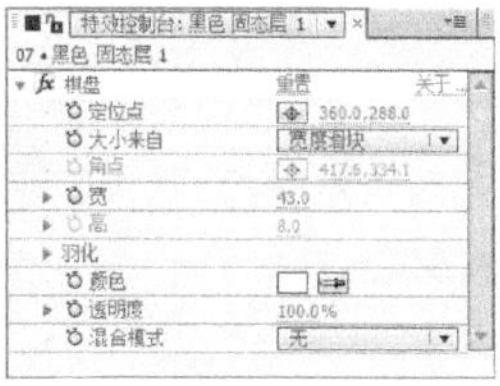　　　　　图6-204

6.5 ▶ 扭曲

扭曲效果组主要用来对图像进行扭曲变形，是很重要的一类画面特技，可以对画面的形状进行校正，还可以使平常的画面变形为特殊的效果。

6.5.1 课堂案例——放射光芒

案例学习目标：学习使用扭曲效果组制作四射的光芒效果。

案例知识要点：使用滤镜特效"分形噪波"命令、"方向模糊"命令、"色相位/饱和度"命令、"辉光"命令、"极坐标"命令制作光芒特效。放射光芒效果如图6-206所示。

效果所在位置：Ch06\放射光芒\放射光芒.aep。

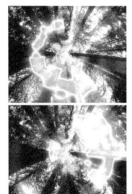

图6-206

（1）按Ctrl+N组合键，弹出"图像合成设置"对话框，在"合成组设置"文本框中输入"放射光芒"，其他选项的设置如图6-207所示，单击"确定"按钮，创建一个新的合成"放射光芒"。

图6-207

（2）选择"文件 > 导入 > 文件"命令，在弹出的"导入文件"对话框中，选择本书学习资源中的"Ch06 \放射光芒\ (Footage) \ 01.jpg"文件，单击"打开"按钮，导入素材到"项目"面板中，如图6-208所示。

图6-208

（3）在"项目"面板中，选中"01.jpg"文件，将其拖曳到"时间线"面板中，如图6-209所示。选择"图层 > 新建 > 固态层"命令，弹出"固态层设置"对话框，在"名称"文本框中输入"放射光芒"，将"颜色"设置为黑色，单击"确定"按钮，在"时间线"面板中新增一个黑色固态层，如图6-210所示。

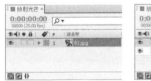

图6-209   图6-210

（4）选中"放射光芒"层，选择"效果 > 杂波与颗粒 > 分形噪波"命令，在"特效控制台"面板中进行参数设置，如图6-211所示。"合成"窗口中的效果如图6-212所示。

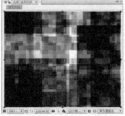

图6-211   图6-212

（5）将时间标签放置在0秒的位置，在"特效控制台"面板中，单击"演变"选项左侧的"关键帧自动记录器"按钮，如图6-213所示，记录第1个关键帧。将时间标签放置在4秒24帧的位置，在"特效控制台"面板中，设置"演变"选项的数值为10、0，如图6-214所示，记录第2个关键帧。

图6-213   图6-214

（6）将时间标签放置在0秒的位置，选中"放射光芒"层，选择"效果 > 模糊与锐化 > 方向模糊"命令，在"特效控制台"面板中进行参数设置，如图6-215所示。"合成"窗口中的效果如图6-216所示。

图6-215   图6-216

（7）选择"效果 > 色彩校正 > 色相位/饱和度"命令，在"特效控制台"面板中进行参数设置，如图6-217所示。"合成"窗口中的效果如图6-218所示。

（8）选择"效果 > 风格化 > 辉光"命令，在"特效控制台"面板中，设置"颜色A"为浅绿色（其R、G、B的值分别为194、255、201），设置"颜色B"为绿色（其R、G、B的值分别为0、255、24），其他参数的设置如图6-219所示。"合成"窗口中的效果如图6-220所示。

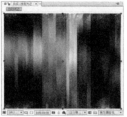

图6-217　　　　　　　图6-218

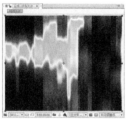

图6-219　　　　　　　图6-220

（9）选择"效果 > 扭曲 > 极坐标"命令，在"特效控制台"面板中进行参数设置，如图6-221所示。"合成"窗口中的效果如图6-222所示。

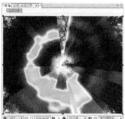

图6-221　　　　　　　图6-222

（10）在"时间线"面板中，设置"放射光芒"层的混合模式为"添加"，如图6-223所示。放射光芒效果制作完成，如图6-224所示。

图6-223

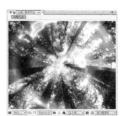

图6-224

6.5.2　膨胀

膨胀特效可以模拟图像透过气泡或放大镜时所产生的放大效果，如图6-225所示。

图6-225

水平半径：膨胀效果的水平半径大小。

垂直半径：膨胀效果的垂直半径大小。

凸透中心：膨胀效果的中心定位点。

凸透高度：膨胀程度的设置。正值为膨胀，负值为收缩。

锥化半径：用来设置膨胀边界的锐利程度。

抗锯齿（仅最佳品质）：反锯齿设置，只用于最高质量。

固定所有边缘：选择固定所有边缘可固定住所有边界。

膨胀特效演示如图6-226、图6-227和图6-228所示。

图6-226　　　　　　　图6-227

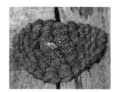

图6-228

6.5.3 边角固定

边角固定特效通过改变4个角的位置来使图像变形，可根据需要来定位。可以拉伸、收缩、倾斜和扭曲图形，也可以用来模拟透视效果，还可以和运动遮罩层相结合，形成画中画的效果，如图6-229所示。

上左：左上定位点。

上右：右上定位点。

下左：左下定位点。

下右：右下定位点。

图6-229

边角固定特效演示如图6-230所示。

图6-230

6.5.4 网格弯曲

网格弯曲特效使用网格化的曲线切片控制图像的变形区域。对于网格变形的效果的控制，确定好网格数量之后，更多的是在合成图像中通过光标拖曳网格的节点来完成的，如图6-231所示。

图6-231

行：用于设置行数。

列：用于设置列数。

品质：弹性设置。

扭曲网格：用于改变分辨率，在行/列数发

生变化时显示。拖曳节点如果要调整显示更细微的效果，可以加行/列数（控制节点）。

网格弯曲特效演示如图6-232、图6-233和图6-234所示。

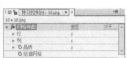

图6-232　　　　　　　　图6-233

图6-234

6.5.5 极坐标

极坐标特效用来将图像的直角坐标转化为极坐标，以产生扭曲效果，如图6-235所示。

图6-235

插值：设置扭曲程度。

变换类型：设置转换类型。极线到矩形表示将极坐标转化为直角坐标，矩形到极线表示将直角坐标转化为极坐标。

极坐标特效演示如图6-236、图6-237和图6-238所示。

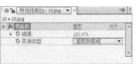

图6-236　　　　　　　　图6-237

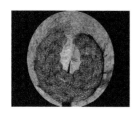

图6-238

6.5.6　置换映射

置换映射特效是用另一张作为映射层的图像的像素来置换原图像像素，通过映射的像素颜色值对本层变形，变形方向分水平和垂直两个方向，如图6-239所示。

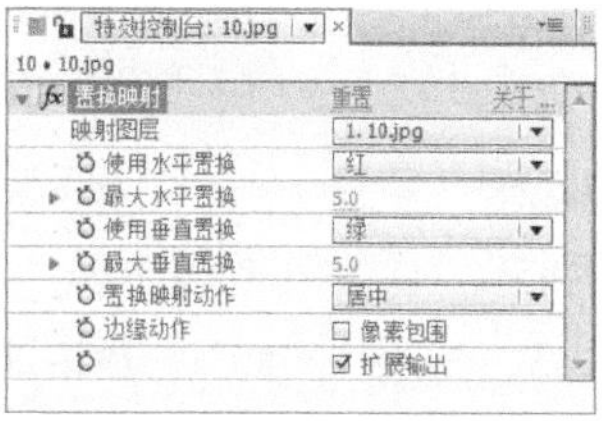

图6-239

映射图层：选择作为映射层的图像名称。

使用水平置换/使用垂直置换：调节水平或垂直方向的通道，默认值范围为-100~100。最大范围为-32000~32000。

最大水平置换/最大垂直置换：调节映射层

的水平或垂直位置，在水平方向上，数值为负数表示向左移动，正数为向右移动；在垂直方向上，数值为负数是向下移动，正数是向上移动，默认数值范围为-100~100，最大范围为-32000~32000。

置换映射动作：选择映射方式。

边缘动作：设置边缘行为。

像素包围：锁定边缘像素。

扩展输出：设置特效伸展到原图像边缘外。

置换映射特效演示如图6-240、图6-241和图6-242所示。

图6-240　　　　　图6-241

图6-242

6.6 杂波与颗粒

杂波与颗粒特效组可以为素材设置噪波或颗粒效果，通过它可分散素材或使素材的形状产生变化。

6.6.1　课堂案例——降噪

案例学习目标：学习使用噪波与颗粒滤镜制作降噪。

案例知识要点：使用滤镜特效"移除颗粒"命令、"色阶"命令修饰照片；使用"曲线"命令调整图片曲线。降噪效果如图6-243所示。

效果所在位置：Ch06\降噪\降噪.aep。

图6-243

1. 导入图片

（1）选择"文件 > 导入 > 文件"命令，在弹出的"导入文件"对话框中，选择本书学习资源中的"Ch06\降噪\（Footage）\01.jpg"文件，如图6-244所示，单击"打开"按钮，导入图片。在"项目"面板中，选中"01.jpg"文件并将其拖曳到"项目"面板下方的"新建合成"按钮 上，如图6-245所示，自动创建一个项目合成。

图6-244　　　　　　　　　　图6-245

（2）在"时间线"面板中，按Ctrl+K组合键，弹出"图像合成设置"对话框，在"合成组名称"文本框中输入"降噪"，如图6-246所示，单击"确定"按钮，将合成命名为"降噪"。"合成"窗口中的效果如图6-247所示。

图6-246

图6-247

2. 修复图片

（1）选中"01.jpg"层，选择"效果 > 杂波与颗粒 > 移除颗粒"命令，在"特效控制台"面板中进行参数设置，如图6-248所示。"合成"窗口中的效果如图6-249所示。

图6-248　　　　　　　　图6-249

（2）展开"项目"面板中的"杂波取样点"选项，在"特效控制台"面板中进行参数设置，如图6-250所示。"合成"窗口中的效果如图6-251所示。

图6-250

图6-251

（3）选中"01.jpg"层，在"特效控制台"面板中的"查看模式"下拉列表中选择"最终输出"选项，展开"杂波减少设置"属性，在"特效控制台"面板中进行参数设置，如图6-252所示。"合成"窗口中的效果如图6-253所示。

图6-252　　　　　　图6-253

（4）选择"效果 > 色彩校正 > 色阶"命令，在"特效控制台"面板中进行参数设置，如图6-254所示。"合成"窗口中的效果如图6-255所示。

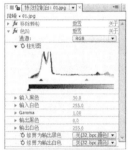

图6-254　　　　　　图6-255

（5）选择"效果 > 色彩校正 > 曲线"命令，在"特效控制台"面板中调整曲线，如图6-256所示。降噪制作完成，如图6-257所示。

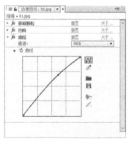

图6-256　　　　　　图6-257

6.6.2　分形噪波

分形噪波特效可以模拟烟、云、水流等纹理图案，如图6-258所示。

图6-258

分形类型：选择分形类型。

噪波类型：选择噪波的类型。

反　转：反转图像的颜色，将黑色和白色反转。

对比度：调节生成噪波图像的对比度。

亮度：调节生成噪波图像的亮度。

溢　出：选择噪波图案的比例、旋转和偏移等。

复杂性：设置噪波图案的复杂程度。

附加设置：噪波的子分形变化的相关设置（如子分形影响力、子分形缩放等）。

演变：控制噪波的分形变化相位。

演变选项：控制分形变化的一些设置（循环、随机种子等）。

透明度：设置所生成的噪波图像的透明度。

混合模式：生成的噪波图像与原素材图像的叠加模式。

分形噪波特效演示如图6-259、图6-260和图6-261所示。

图6-259　　　　　　图6-260

图6-261

6.6.3 中值

中值特效使用指定半径范围内的像素的平均值来取代像素值。指定较低数值的时候，该效果可以用来减少画面中的杂点；取高值的时候，会产生一种绘画效果，其设置如图6-262所示。

图6-262

半径：指定像素半径。

在Alpha通道上操作：应用于Alpha通道。

中值特效演示如图6-263、图6-264和图6-265所示。

图6-263

图6-264

图6-265

6.6.4 移除颗粒

移除颗粒特效可以移除杂点或颗粒，如图6-266所示。

图6-266

查看模式：设置查看模式，有预览、杂波取样、混合蒙版、最终输出4种模式。

预览范围：设置预览区域的大小、位置等。

杂波减少设置：对杂点或噪波进行设置。

精细调整：对材质、尺寸、色泽等进行精细的设置。

临时过滤：是否开启实时过滤。

非锐化遮罩：设置反锐化遮罩。

取样：设置各种采样情况、采样点等参数。

与原始图像混合：混合原始图像。

移除颗粒特效演示如图6-267、图6-268和图6-269所示。

图6-267　　　　　　　图6-268

图6-269

6.7 模拟与仿真

模拟与仿真组特效有卡片舞蹈、水波世界、泡沫、焦散、碎片和粒子运动，这些特效功能强大，可以用来设置多种逼真的效果，不过其参数项较多，设置也比较复杂。

6.7.1 课堂案例——气泡效果

案例学习目标：学习使用粒子空间滤镜制作气泡。

案例知识要点：使用"泡沫"命令制作气泡并编辑属性。气泡效果如图6-270所示。

效果所在位置：Ch06\气泡效果\气泡效果.aep。

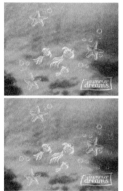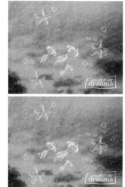

图6-270

（1）按Ctrl+N组合键，弹出"图像合成设置"对话框，在"合成组名称"文本框中输入"气泡效果"，其他选项的设置如图6-271所示，单击"确定"按钮，创建一个新的合成"气泡效果"。

图6-271

（2）选择"文件 > 导入 > 文件"命令，在弹出的"导入文件"对话框中，选择本书学习资源中的"Ch06 \气泡效果\ (Footage) \ 01.jpg"文件，单击"打开"按钮，导入背景图片到"项目"面板中，如图6-272所示，并将其拖曳到"时间线"面板中。选中"01.jpg"层，按Ctrl+D组合键复制图层，如图6-273所示。

图6-272　　　　　　　　图6-273

（3）选中"图层1"图层，选择"效果 > 模拟仿真 > 泡沫"命令，在"特效控制台"面板中进行参数设置，如图6-274所示。

图6-274

（4）将时间标签放置在0秒的位置，在"特效控制台"面板中，单击"强度"选项左侧的"关键帧自动记录器"按钮 ◯，如图6-275所示，记录第1个关键帧。将时间标签放置在4秒24帧的位置，在"特效控制台"面板中，设置"强度"选项的数值为0，如图6-276所示，记录第2个关键帧。

图6-275

图6-276

（5）气泡制作完成，如图6-277所示。

图6-277

6.7.2 泡沫

泡沫特效参数设置如图6-278所示。

查看：在该下拉列表中，可以选择气泡效果的显示方式。"草稿"方式以草图模式渲染气泡效果，虽然不能在该方式下看到气泡的最终效果，但是可以预览气泡的运动方式和设置状态，该方式计算速度非常快。为特效指定影响通道后，使用"草稿+流动映射"方式可以看到指定的影响对象。在"已渲染"方式下可以预览气泡的最终效果，但是计算速度相对较慢。

生成：用于设置气泡的粒子发射器的相关参数，如图6-279所示。

图6-278

图6-279

● **产生点**：用于控制发射器的位置。所有的气泡粒子都由发射器产生，就好像在水枪中喷出气泡一样。

● **制作X/Y大小**：分别控制发射器的大小。在"草稿"或者"草稿+流动映射"状态下预览效果时，可以观察发射器。

● **产生方向**：用于旋转发射器，使气泡产生旋转效果。

● **缩放产生点**：可缩放发射器位置。如不选择此项，则系统默认以发射效果点为中心缩放发射器的位置。

● **产生速率**：用于控制发射速度。一般情况下，数值越高，发射速度越快，单位时间内产生的气泡粒子也越多。当数值为0时，不发射粒子。系统发射粒子时，在特效的开始位置，粒子数目为0。

泡沫：可对气泡粒子的尺寸、生命以及强度进行控制，如图6-280所示。

图6-280

● **大小**：用于控制气泡粒子的尺寸。数值越大，每个气泡粒子越大。

● **大小差异**：用于控制粒子的大小差异。数值越高，每个粒子的大小差异越大。数值为0时，每个粒子的最终大小相同。

● **寿命**：用于控制每个粒子的生命值。每个粒

子在发射产生后，最终都会消失。生命值即
粒子从产生到消亡的时间。

- **泡沫增长速度**：用于控制每个粒子生长的速
  度，即粒子从产生到最终大小的时间。
- **强度**：用于控制粒子效果的强度。

  物理：该参数影响粒子运动因素，如初始速
  度、风速、混乱度及活力等，如图6-281所示。

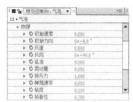

图6-281

- **初始速度**：控制粒子特效的初始速度。
- **初始方向**：控制粒子特效的初始方向。
- **风速**：控制影响粒子的风速，就好像一股风
  吹动粒子一样。
- **风向**：控制风的方向。
- **乱流**：控制粒子的混乱度。该数值越大，粒
  子运动越混乱，同时向四面八方发散；数值
  较小，则粒子运动较为有序和集中。
- **晃动量**：控制粒子的摇摆强度。参数较大
  时，粒子会产生摇摆变形。
- **排斥力**：用于在粒子间产生排斥力。数值越
  高，粒子间的排斥性越强。
- **弹跳速度**：控制粒子的总速率。
- **粘度**：控制粒子的粘度。数值越小，粒子堆
  砌得越紧密。
- **粘着性**：控制粒子间的粘着程度。

  缩放：对粒子效果进行缩放。

  总体范围大小：该参数控制粒子效果的综合
  尺寸。在"草图"或者"草图+流动映射"状态
  下预览效果时，可以观察综合尺寸范围框。

  渲染：该参数栏控制粒子的渲染属性，如
  "混合模式"下的粒子纹理及反射效果等。该参
  数栏的设置效果仅在渲染模式下才能看到。渲染

效果参数设置如图6-282所示。

- **混合模式**：用于控制粒子间的融合模式。在
  "透明"方式下，粒子与粒子间进行透明
  叠加。
- **泡沫材质**：可在该下拉列表中选择气泡粒子
  的材质。
- **泡沫材质层**：除了系统预制的粒子材质外，还
  可以指定合成图像中的一个层作为粒子材质。
  该层可以是一个动画层，粒子将使用其动画材
  质。在泡沫材质层下拉列表中选择粒子材质
  层。注意，必须在"泡沫材质"下拉列表中
  将粒子材质设置为"Use Defined"才行。
- **泡沫方向**：可在该下拉列表中设置气泡的方
  向。可以使用默认的坐标，也可以使用物理参
  数控制方向，还可以根据气泡速率进行控制。
- **环境映射**：所有的气泡粒子都可以对周围的
  环境进行反射。可以在该下拉列表中指定气
  泡粒子的反射层。
- **反射强度**：控制反射的强度。
- **反射聚焦**：控制反射的聚集度。

  流动映射：可以在该参数栏中指定一个层来
  影响粒子效果。在"流动映射"下拉列表中，可
  以选择对粒子效果产生影响的目标层。选择目标
  层后，在"草图+流动映射"模式下可以看到流
  动映射，如图6-283所示。

图6-282   图6-283

- **流动映射倾斜度**：用于控制参考图对粒子的
  影响。
- **流动映射适配**：在该下拉列表中，可以设置
  参考图的大小。可以使用合成图像屏幕大小
  或粒子效果的总体范围大小。

- **模拟品质**：在该下拉列表中，可以设置气泡粒子的仿真质量。
- **随机种子**：设置气泡的随机数量。

　　气泡特效演示如图6-284、图6-285和图6-286所示。

图6-284

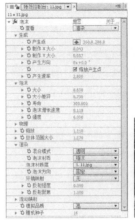

图6-285

图6-286

　　风格化特效可以模拟一些实际的绘画效果，或为画面提供某种风格化效果。

6.8.1　课堂案例——手绘效果

　　案例学习目标：学习使用浮雕、查找边缘效果制作手绘风格。

　　案例知识要点：使用滤镜特效"查找边缘"命令、"色阶"命令、"色相位/饱和度"命令、"笔触"命令制作手绘效果；使用钢笔工具绘制蒙版形状。手绘效果如图6-287所示。

　　效果所在位置：Ch06\手绘效果\手绘效果.aep。

图6-287

1. 导入图片

　　（1）选择"文件 > 导入 > 文件"命令，在弹出的"导入文件"对话框中，选择本书学习资源中的"Ch06 \手绘效果\ (Footage) \ 01.jpg"文件，如图6-288所示，单击"打开"按钮，导入图片。

图6-288

　　（2）在"项目"面板中，选中"01.jpg"文件并将其拖曳到"项目"面板下方的"新建合成"按钮  上，如图6-289所示，自动创建一个项目合成。在"时间线"面板中，按Ctrl+K组合键，弹出"图像合成设置"对话框，在"合成组名称"文本框中输入"手绘效果"，如图6-290所示，单击"确定"按钮，将合成命名为"手绘效果"。"合成"窗口中的效果如图6-291所示。

图6-289

图6-290

图6-291

2. 制作手绘效果

（1）选中"01.jpg"层，按Ctrl+D组合键复制图层，选中"图层1"图层，按T键，展开"透

明度"属性，如图6-292所示。设置"透明度"选项的数值为70，如图6-293所示。

图6-292

图6-293

（2）选择"效果 > 风格化 > 查找边缘"命令，在"特效控制台"面板中进行参数设置，如图6-294所示。"合成"窗口中的效果如图6-295所示。

图6-294　　　　　　　图6-295

（3）选择"效果 > 色彩校正 > 色阶"命令，在"特效控制台"面板中进行参数设置，如图6-296所示。"合成"窗口中的效果如图6-297所示。

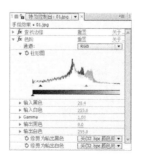

图6-296　　　　　　　图6-297

（4）选择"效果 > 色彩校正 > 色相位/饱和度"命令，在"特效控制台"面板中进行参数设置，如图6-298所示。"合成"窗口中的效果如图6-299所示。

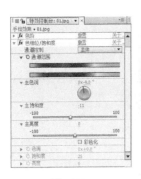

图6-298　　　　　　图6-299

（5）选择"效果 > 风格化 > 笔触"命令，在"特效控制台"面板中进行参数设置，如图6-300所示。"合成"窗口中的效果如图6-301所示。

图6-300　　　　　　图6-301

（6）在"项目"面板中，选中"01.jpg"文件并将其拖曳到"时间线"面板中，层的排列如图6-302所示。选中"图层1"图层，选择"钢笔"工具，在"合成"窗口中绘制一个遮罩形状，如图6-303所示。

图6-302

图6-303

（7）按F键，展开遮罩属性，设置"遮罩羽化"选项的数值为40，如图6-304所示。手绘效果制作完成，如图6-305所示。

图6-304

图6-305

6.8.2　查找边缘

查找边缘特效通过强化过渡像素来产生彩色线条，如图6-306所示。

图6-306

反转：用于反向勾边结果。

与原始图像混合：设置和原始素材图像的混

合比例。

查找边缘特效演示如图6-307、图6-308和图6-309所示。

图6-307

图6-308

图6-309

6.8.3 辉光

辉光特效经常用于图像中的文字和带有Alpha通道的图像，可产生发光或光晕的效果，如图6-310所示。

图6-310

辉光基于：控制辉光效果基于哪一种通道方式。

辉光阈值：设置辉光的阈值，影响到辉光的覆盖面。

辉光半径：设置辉光的发光半径。

辉光强度：设置辉光的发光强度，影响到辉光的亮度。

合成原始图像：设置和原始素材图像的合成方式。

辉光操作：辉光的发光模式，类似层模式的选择。

辉光色：设置辉光的颜色，影响到辉光的颜色。

色彩循环：设置辉光颜色的循环方式。

色彩循环：设置辉光颜色循环的数值。

色彩相位：设置辉光的颜色相位。

A&B中间点：设置辉光颜色A和B的位置。

颜色A：选择颜色A。

颜色B：选择颜色B。

辉光尺寸：设置辉光作用的方向，有水平、垂直、水平和垂直3种方式。

辉光特效演示如图6-311、图6-312和图6-313所示。

图6-311

图6-312

图6-313

练习知识要点：使用"曲线"命令、"分色"命令、"色相位/饱和度"命令调整图片局部颜色效果；使用"横排文字"工具输入文字。单色保留效果如图6-314所示。

效果所在位置：Ch06\单色保留\单色保留.aep。

图6-314

习题知识要点：使用"分形噪波"命令编辑线条并添加关键帧制作随机线条动画；使用"模式"选项更改叠加模式。随机线条效果如图6-315所示。

效果所在位置：Ch06\随机线条\随机线条.aep。

图6-315

第 7 章

跟踪与表达式

本章介绍

　　本章对After Effects CS6中的"跟踪与表达式"进行了介绍。重点讲解了运动跟踪中的单点跟踪和多点跟踪、表达式中的创建表达式和编辑表达式。通过学习本章内容，读者可以制作影片自动生成的动画，完成最终的影片效果。

学习目标

◆ 了解运动跟踪的创建方法及分类
◆ 熟悉表达式的应用及创建方法

技能目标

◆ 掌握"单点跟踪"的制作方法
◆ 掌握"四点跟踪"的制作方法
◆ 掌握"放大镜效果"的制作方法

运动跟踪是对影片中产生运动的物体进行追踪。应用运动跟踪时，合成文件中应该至少有两个层：一层是追踪目标层，另一层是连接到追踪点的层。当导入影片素材后，在菜单栏中选择"动画 > 运动跟踪"命令增加运动追踪，如图7-1所示。

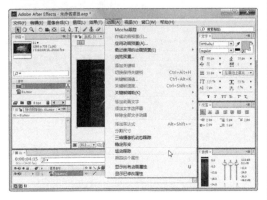

图7-1

7.1.1　课堂案例——单点跟踪

案例学习目标：学习使用单点跟踪命令。

案例知识要点：使用"跟踪"命令添加跟踪点；使用"调节层"命令新建调节层；使用"色阶"命令调整亮度。单点跟踪如图7-2所示。

效果所在位置：Ch07\单点跟踪\单点跟踪.aep。

图7-2

1.　制作跟踪点

（1）按Ctrl+N组合键，弹出"图像合成设置"对话框，在"合成组名称"文本框中输入"单点跟踪"，其他选项的设置如图7-3所示，单击"确定"按钮，创建一个新的合成"单点跟踪"。选择"文件 > 导入 > 文件"命令，在弹出的"导入文件"对话框中，选择本书学习资源中的"Ch07\单点跟踪\（Footage）\ 01.avi"文件，单击"打开"按钮，导入视频文件到"项目"面板中，如图7-4所示。

图7-3

图7-4

（2）在"项目"面板中，选中"01.avi"文件并将其拖曳到"时间线"面板中，如图7-5所示。选择"图层 > 新建 > 空白对象"命令，在"时间线"面板中新增一个"空白1"层，如图7-6所示。按S键，展开"缩放"属性，设置"缩放"选项的数值为67、67%，如图7-7所示。

图7-5

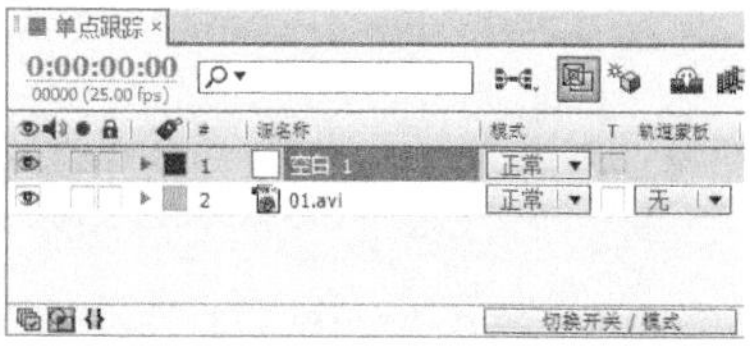

图7-6

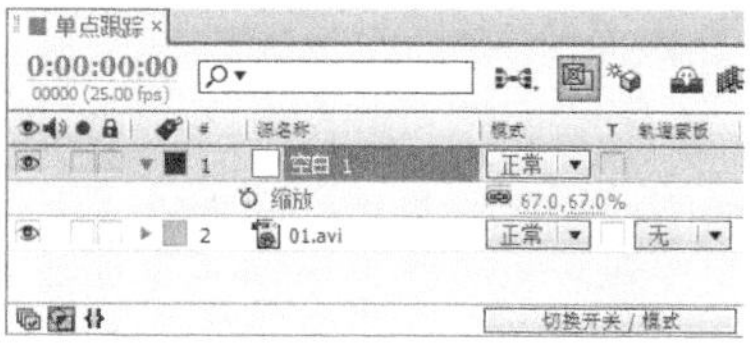

图7-7

（3）选择"窗口 > 跟踪"命令，打开"跟踪"面板，如图7-8所示。选中"01.avi"层，在"跟踪"面板中，单击"追踪运动"按钮，面板处于激活状态，如图7-9所示。"合成"窗口中的效果如图7-10所示。

图7-8　　　　　　图7-9

图7-10

（4）拖曳控制点到眼睛的位置，如图7-11所示。在"跟踪"面板中单击"向前分析"按钮▶自动跟踪计算，如图7-12所示。

图7-11

图7-12

（5）在"跟踪"面板中单击"应用"按钮，如图7-13所示，弹出"动态跟踪应用选项"对话框，单击"确定"按钮，如图7-14所示。

图7-13

图7-14

（6）选中"01.avi"层，按U键，展开所有关键帧，可以看到刚才的控制点经过跟踪计算后所产生的一系列关键帧，如图7-15所示。

图7-15

（7）选中"空白1"层，按U键展开所有关键帧，同样可以看到由于跟踪所产生的一系列关键帧，如图7-16所示。

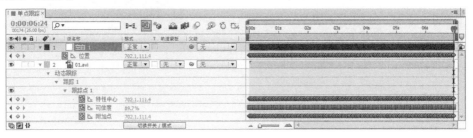

图7-16

2. 编辑形状

（1）将时间标签放置在0秒的位置。选择"图层 > 新建 > 调节层"命令，在"时间线"面板中新增一个调节层，如图7-17所示。选中"调节层1"层，选择"椭圆形遮罩"工具 ，在"合成"窗口中拖曳鼠标指针绘制一个椭圆形遮罩，如图7-18所示。

（2）选中"调节层1"层，选择"效果 > 色彩校正 > 色阶"命令，在"特效控制台"面板中进行参数设置，如图7-19所示。"合成"窗口中的效果如图7-20所示。

图7-17

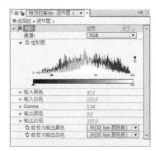

图7-19

图7-18

图7-20

（3）按F键，展开"遮罩羽化"属性，设置"遮罩羽化"选项的数值为60，如图7-21所示。"合成"窗口中的效果如图7-22所示。

图7-21

图7-22

（4）选中"调节层1"层，在"时间线"面板中，设置"父级"选项为"2.空白1"，如图7-23所示。单点跟踪制作完成，如图7-24所示。

图7-23

图7-24

7.1.2　单点跟踪

在某些合成效果中可能需要将某种特效跟踪另外一个物体运动，从而创建出想要得到的较佳效果。例如，动态跟踪通过追踪鱼单独一个点的运动轨迹，使调节层与鱼的运动轨迹相同，完成合成效果，如图7-25所示。

图7-25

选择"动画＞运动跟踪"或"窗口＞跟踪"命令，打开"跟踪"面板，在"图层"视图中显示当前层。设置"追踪类型"为"变换"，制作单点跟踪效果。在该面板中还可以设置"追踪摄像机""稳定器校正""追踪运动""稳定运动""动态资源""当前追踪""追踪类型""位置""旋转""缩放""设置目标""选项""分析""重置"和"应用"等，与图层视图相结合，可以设置单点跟踪，如图7-26所示。

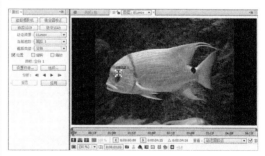

图7-26

7.1.3　课堂案例——四点跟踪

案例学习目标： 学习使用多点跟踪制作四点跟踪效果。

案例知识要点： 使用"导入"命令导入视频文件；使用"跟踪"命令添加跟踪点。四点跟踪效果如图7-27所示。

效果所在位置：Ch07\四点跟踪\四点跟踪.aep。

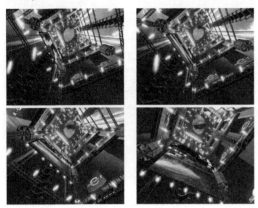

图7-27

1. 导入视频文件

（1）按Ctrl+N组合键，弹出"图像合成设置"对话框，在"合成组名称"文本框中输入"四点跟踪"，其他选项的设置如图7-28所示，单击"确定"按钮，创建一个新的合成"四点跟踪"。选择"文件 > 导入 > 文件"命令，在弹出的"导入文件"对话框中，选择本书学习资源中的"Ch07 \四点跟踪 \ (Footage) \ 01.mov、02.mov"文件，如图7-29所示，单击"打开"按钮，导入视频文件。

图7-28

图7-29

（2）在"项目"面板中，选中"01.mov、02.mov"文件并将其拖曳到"时间线"面板中，层的排列如图7-30所示。

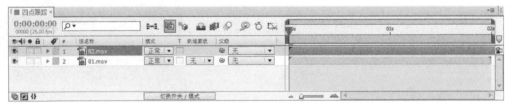

图7-30

2. 添加跟踪点

（1）选择"窗口 > 跟踪"命令，打开"跟踪"面板，如图7-31所示。选中"01.mov"层，在"跟踪"面板中，单击"追踪运动"按钮，面板处于激活状态，如图7-32所示。"合成"窗口中的效果如图7-33所示。

（2）在"跟踪"面板的"追踪类型"下拉菜单中选择"透视拐点"，如图7-34所示。"合成"窗口中的效果如图7-35所示。

（3）用鼠标分别拖曳4个控制点到画面的四角，如图7-36所示。在"跟踪"面板中单击"向前分析"按钮自动跟踪计算，如图7-37所示。

（4）在"跟踪"面板中单击"应用"按钮，如图7-38所示。选中"01.mov"层，按U键，展开所有关键帧，可以看到刚才的控制点经过跟踪计算后产生的一系列关键帧，如图7-39所示。

图7-39

（5）选中"02.mov"层，按U键，展开所有关键帧，同样可以看到由于跟踪所产生的一系列关键帧，如图7-40所示。

图7-40

（6）四点跟踪效果制作完成，如图7-41所示。

图7-41

7.1.4　多点跟踪

在某些影片的合成过程中，经常需要将动态影片中的某一部分图像设置成其他图像，并生成跟踪效果，制作出想要得到的结果。例如，将一段影片与另一指定的图像进行置换合成。动态跟踪通过追踪标牌上的4个点的运动轨迹，使指定置换的图像与标牌的运动轨迹相同，完成合成效果，合成前与合成后效果分别如图7-42和图7-43所示。

图7-42　　　　　　　图7-43

图7-31　　　　　　　图7-32

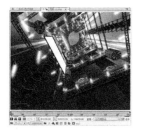 

图7-33　　　　　　　图7-34

 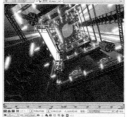

图7-35　　　　　　　图7-36

图7-37　　　　　　　图7-38

多点跟踪效果的设置与单点跟踪的效果设置大部分相同，只是在"跟踪类型"设置中选择类型为"透视拐点"，指定类型以后，"图层"视图中会由原来的1个跟踪点变成定义4个跟踪点的位置，以制作多点跟踪效果，如图7-44所示。

图7-44

7.2 表达式

表达式可以创建层属性或一个属性关键帧到另一层或另一个属性关键帧的联系。当要创建一个复杂的动画，但又不愿意手工创建几十、几百个关键帧时，就可以试着用表达式代替。在After Effects中想要给一个层增加表达式，首先需要给该层增加一个表达式控制滤镜特效，如图7-45所示。

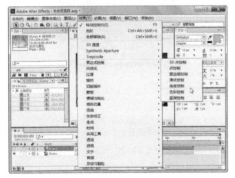

图7-45

7.2.1 课堂案例——放大镜效果

案例学习目标：学习使用编写表达式制作放大镜效果。

案例知识要点：使用"导入"命令导入图片；使用定位点工具改变中心点位置效果；使用钢笔工具绘制形状；使用"球面化"命令制作放大效果。放大镜效果如图7-46所示。

效果所在位置：Ch07\放大镜效果\放大镜效果.aep。

图7-46

1. 导入图片

（1）按Ctrl+N组合键，弹出"图像合成设置"对话框，在"合成组名称"文本框中输入"放大镜效果"，其他选项的设置如图7-47所示，单击"确定"按钮，创建一个新的合成"放大镜效果"。

图7-47

（2）选择"导入 > 文件 > 导入"命令，在弹出的"导入文件"对话框中，选择本书学习资源中的"Ch07 \放大镜效果\ (Footage)\01.psd、02.jpg"文件，单击"打开"按钮，导入图片到"项目"面板中，如图7-48所示。

图7-48

（3）在"项目"面板中，选中"01.psd、02.jpg"文件并将其拖曳到"时间线"面板中，层的排列如图7-49所示。

图7-49

2. 制作放大效果

（1）选中"01.psd"层，按S键，展开"缩放"属性，设置"缩放"选项的数值为40、40%，如图7-50所示。选择"定位点"工具，在"合成"窗口中按住鼠标左键，调整放大镜的中心点位置，如图7-51所示。

图7-50

图7-51

（2）按P键，展开"位置"属性，设置"位置"选项的数值为388.3、177，如图7-52所示。将时间标签放置在0秒的位置，单击"位置"选项左侧的"关键帧自动记录器"按钮，如图7-53所示，记录第1个关键帧。

图7-52

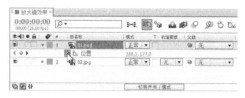

图7-53

（3）将时间标签放置在1秒7帧的位置，设置"位置"选项的数值为482.7、240.5，如图7-54所示，记录第2个关键帧。将时间标签放置在2秒14帧的位置，设置"位置"选项的数值为394.7、334.7，如图7-55所示，记录第3个关键帧。

图7-54

图7-55

（4）将时间标签放置在3秒15帧的位置，设置"位置"选项的数值为485、329.8，如图7-56所示，记录第4个关键帧。将时间标签放置在4秒24帧的位置，设置"位置"选项的数值为270.8、301.8，如图7-57所示，记录第5个关键帧。

图7-56

图7-57

（5）将时间标签放置在0秒的位置，如图7-58所示。选中"01.psd"层，按R键，展开"旋转"属性，单击"旋转"选项左侧的"关键帧自动记录器"按钮 ⓒ，记录第1个关键帧，如图7-59所示。

图7-58

图7-59

（6）将时间标签放置在2秒的位置，设置"旋转"选项的数值为0、20，记录第2个关键帧，如图7-60所示。将时间标签放置在4秒24帧的位置，设置"旋转"选项的数值为0、30，记录第3个关键帧，添加的关键帧如图7-61所示。

图7-60

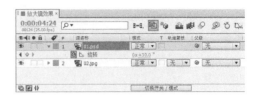

图7-61

（7）将时间标签放置在0秒的位置，选中"02.jpg"层，选择"效果 > 扭曲 > 球面化"命令，在"特效控制台"面板中进行参数设置，如图7-62所示。"合成"窗口中的效果如图7-63所示。

图7-62　　　　　　图7-63

（8）展开"球面化"属性，选中"球体中心"选项，选择"动画 > 添加表达式"命令，为"球体中心"属性添加一个表达式。在"时间线"面板右侧输入表达式代码：thisComp.layer（"01.psd"）.position，如图7-64所示。

图7-64

（9）放大镜效果制作完成，如图7-65所示。

图7-65

7.2.2 创建表达式

在"时间线"面板中选择一个需要增加表达式的控制属性，在菜单栏中选择"动画 > 添加表达式"命令激活该属性，如图7-66所示。属性被激活后可以在该属性条中直接输入表达式覆盖现有的文字，增加表达式的属性中会自动增加启用开关 、显示图表 、表达式拾取 和语言菜单 等工具，如图7-67所示。

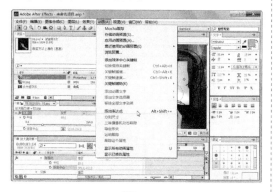

图7-66

图7-67

编写、增加表达式的工作都在"时间线"面板中完成，当增加一个层属性的表达式到"时间线"面板时，一个默认的表达式就出现在该属性下方的表达式编辑区中，在这个表达式编辑区中可以输入新的表达式或修改表达式的值。许多表达式依赖于层属性名，如果改变了一个表达式所在层的属性名或层名，这个表达式就可能产生一个错误的消息。

7.2.3 编写表达式

可以在"时间线"面板中的表达式编辑区中直接写表达式，或通过其他文本工具编写。如果在其他文本工具中编写表达式，只需简单地将表达式复制粘贴到表达式编辑区中即可。在编写自己的表达式时，可能需要一些JavaScript语法和数学基础知识。

编写表达式时，需要注意如下事项：JavaScript语句区分大小写；在一段或一行程序后需要加"；"符号，使词间空格被忽略。

在After Effects中，可以用表达式语言访问属性值。访问属性值时，用"."符号将对象连接起来，连接的对象在层水平，例如，连接Effect、masks、文字动画，可以用"（ ）"符号；连接层A的Opacity到层B的高斯模糊的Blurriness属性，可以在层A的Opacity属性下面输入如下表达式：

thisComp.layer（"layer B"）.effect（"Gaussian Blur"）（"Blurriness"）

表达式的默认对象是表达式中对应的属性，接着是层中内容的表达，因此，没有必要指定属性。例如，在层的位置属性上写摆动表达式可以用如下两种方法：

wiggle(5,10)

position.wiggle(5,10)

在表达式中可以包括层及其属性。例如，将B层的Opacity属性与A层的Position属性相连的表达式为：

thisComp.layer(layerA).position[0].wiggle(5,10)

添加一个表达式到属性后，可以连续对属性进行编辑、增加关键帧。编辑或创建的关键帧的值将在表达式以外的地方使用。

写好表达式后可以存储它，以便将来复制粘贴，还可以在记事本中编辑。但是表达式是针对层写的，不允许简单地将表达式存储和装载到一个项目。如果要存储表达式以便用于其他项目，可能要加注解或存储整个项目文件。

课堂练习——跟踪老鹰飞行

练习知识要点：使用"导入"命令导入视频文件；使用"跟踪"命令编辑单点跟踪。跟踪老鹰飞行效果如图7-68所示。

效果所在位置：Ch07\跟踪老鹰飞行\跟踪老鹰飞行.aep。

图7-68

课后习题——跟踪对象运动

习题知识要点：使用"跟踪"命令编辑多个跟踪点，改变不同的位置。跟踪对象运动效果如图7-69所示。

效果所在位置：Ch07\跟踪对象运动\跟踪对象运动.aep。

图7-69

第 8 章

抠像

本章介绍

　　本章对After Effects中的抠像功能进行了详细讲解，包括颜色差异抠像、颜色抠像、颜色范围、不光滑差异、吸取抠像、内外抠像、线性颜色抠像、亮度抠像、溢出压制和外挂抠像等内容。通过学习本章内容，读者可以自如地应用抠像功能进行实际创作。

学习目标

◆ 了解抠像效果的分类及应用
◆ 熟悉外挂抠像的应用

技能目标

◆ 掌握"抠像效果"的制作方法
◆ 掌握"复杂抠像"的制作方法

8.1 抠像效果

抠像滤镜通过指定一种颜色，然后将与其近似的像素抠像，使其透明。此功能相对简单，对于拍摄质量好，背景比较单纯的素材有不错的效果，但是不适合处理复杂情况。

8.1.1 课堂案例——抠像效果

案例学习目标：学习使用键控命令制作抠像效果。

案例知识要点：使用"颜色键"命令修复图片效果；设置"位置"属性编辑图片位置。抠像效果如图8-1所示。

效果所在位置：Ch08\抠像效果\抠像效果.aep。

图8-1

（1）按Ctrl+N组合键，弹出"图像合成设置"对话框，在"合成组名称"文本框中输入"抠像"，其他选项的设置如图8-2所示，单击"确定"按钮，创建一个新的合成"抠像"。选择"文件 > 导入 > 文件"命令，在弹出的"导入文件"对话框中，选择本书学习资源中的"Ch08\抠像效果\ (Footage)\ 01.jpg、02.jpg"文件，如图8-3所示，单击"打开"按钮，导入图片。

图8-2

图8-3

（2）在"项目"面板中，选中"01.jpg"文件并将其拖曳到"时间线"面板中，如图8-4所示。"合成"窗口中的效果如图8-5所示。

图8-4　　　　图8-5

（3）选中"01.jpg"层，选择"效果 > 键控 > 颜色键"命令，选择"键颜色"选项右侧的吸管工具，如图8-6所示，吸取背景素材上的蓝色，如图8-7所示。"合成"窗口中的效果如图8-8所示。

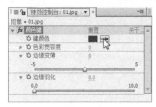

图8-6

132

图8-7　　　　　　　　图8-8

（4）在"特效控制台"面板中进行参数设置，如图8-9所示。"合成"窗口中的效果如图8-10所示。

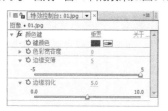

图8-9

图8-10

（5）按Ctrl+N组合键，弹出"图像合成设置"对话框，在"合成组名称"文本框中输入"抠像效果"，其他选项的设置如图8-11所示，单击"确定"按钮，创建一个新的合成"抠像效果"。在"项目"面板中，选中"02.jpg"文件并将其拖曳到"时间线"面板中，如图8-12所示。

图8-11

图8-12

（6）在"项目"面板中，选中"抠像"合成并将其拖曳到"时间线"面板中，如图8-13所示。"合成"窗口中的效果如图8-14所示。

图8-13　　　　　　　　图8-14

（7）选中"抠像"层，按S键，展开"缩放"属性，设置"缩放"选项的数值为90、90%，如图8-15所示。"合成"窗口中的效果如图8-16所示。

图8-15

图8-16

（8）按P键，展开"位置"属性，设置"位置"选项的数值为526、285，如图8-17所示。抠像效果制作完成，如图8-18所示。

图8-17

图8-18

8.1.2 颜色差异键

颜色差异键从不同的起始点把图像分成两个蒙版，即"蒙版A"和"蒙版B"。其中蒙版B是基于键控色的，而蒙版A是键控色之外的蒙版区域。然后两个蒙版相组合，得到第三个蒙版，称为Alpha蒙版。

颜色差异抠像的左侧缩略图表示原始图像，右侧缩略图表示蒙版效果，吸管工具 用于在原始图像缩略图中拾取抠像颜色，吸管工具 用于在蒙版缩略图中拾取透明区域的颜色，吸管工具 用于在蒙版缩略图中拾取不透明区域的颜色，如图8-19所示。

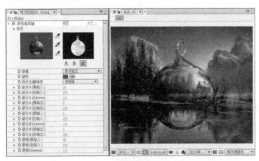

（说明：本版软件中使用"蒙板"一词，应为"蒙版"。）

图8-19

查看：指定合成视图中显示的合成效果。

键色：通过吸管拾取透明区域的颜色。

色彩匹配精度：用于控制匹配颜色的精确度。若屏幕上不包含主色调会得到较好的效果。

蒙版控制：调整通道中的黑输入、白输入和Gamma参数值的设置，从而修改图像蒙版的透明度。

8.1.3 颜色键

颜色键设置如图8-20所示。

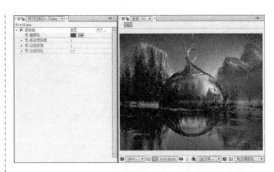

图8-20

键颜色：通过吸管工具拾取透明区域的颜色。

色彩宽容度：用于调节抠像颜色相匹配的颜色范围。该参数值越高，抠掉的颜色范围就越大；该参数越低，抠掉的颜色范围就越小。

边缘变薄：减少所选区域边缘的像素值。

边缘羽化：设置抠像区域的边缘以产生柔和羽化效果。

8.1.4 色彩范围

色彩范围可以通过去除Lab、YUV或RGB模式中指定的颜色范围来创建透明效果。用户可以对多种颜色组成的背景屏幕图像，如不均匀光照并且包含同种颜色阴影的蓝色或绿色屏幕图像应用该滤镜特效，如图8-21所示。

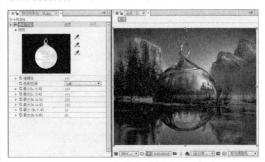

图8-21

模糊性：设置选区边缘的模糊量。

色彩空间：设置颜色之间的距离，有Lab、YUV、RGB3种选项，每种选项对颜色的不同变化有不同的反映。

最大/最小：对层的透明区域进行微调设置。

8.1.5　差异蒙版

差异蒙版可以通过对比源层和对比层的颜色值，将源层中与对比层颜色相同的像素删除，从而创建透明效果。该滤镜特效的典型应用就是将一个复杂背景中的移动物体合成到其他场景中，通常情况下对比层采用源层的背景图像，如图8-22所示。

图8-22

差异层：设置哪一层将作为对比层。

如果层大小不同：设置对比层与源图像层的大小匹配方式，有居中和拉伸进行适配两种方式。

匹配宽容度：设置图层之间的颜色必须匹配到严密程度，指定透明度数量。值越低，透明度越低；值越高，透明度越高。

匹配柔化：设置柔化透明和不透明区域之间的边缘

差异前模糊：细微模糊两个控制层中的颜色噪点。

8.1.6　提取（抽出）

提取（抽出）通过图像的亮度范围来创建透明效果。图像中所有与指定的亮度范围相近的像素都将删除，对于具有黑色或白色背景的图像，或者是背景亮度与保留对象之间亮度反差很大的复杂背景图像来说该滤镜特效优点明显，该滤镜特效还可以用来删除影片中的阴影，如图8-23所示。

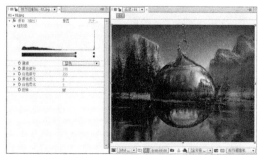

图8-23

8.1.7　内部/外部键

内部/外部键通过层的遮罩路径来确定要隔离的物体边缘，从而把前景物体从它的背景上隔离出来。利用该滤镜特效可以将具有不规则边缘的物体从它的背景中分离出来，这里使用的遮罩路径可以十分粗略，不一定正好在物体的四周边缘，如图8-24所示。

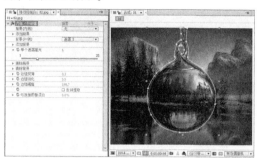

图8-24

8.1.8　线性色键

线性色键既可以用来进行抠像处理，还可以用来保护其他误删除但不应删除的颜色区域，如果在图像中抠出的物体包含被抠像颜色，当对其进行抠像时这些区域可能也会变成透明区域，这时通过对图像施加该滤镜特效，然后在滤镜特效控制面板中设置"键操作 > 保持颜色"选项，就可找回不该删除的部分，如图8-25所示。

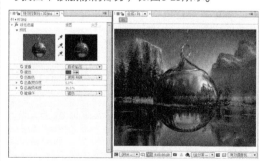

图8-25

8.1.9　亮度键

亮度键是根据层的亮度对图像进行抠像处理，可以将图像中具有指定亮度的所有像素都删除，从而创建透明效果，而层质量设置不会影响滤镜效果，如图8-26所示。

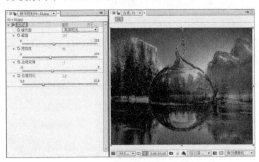

图8-26

键类型：包括亮部抠出、暗部抠出、抠出相似区域和抠出非相似区域等抠像类型。

阈值：设置抠像的亮度极限数值。

宽容度：指定接近抠像极限数值的像素范围，数值的大小可以直接影响抠像区域。

8.1.10　溢出抑制

溢出抑制可以去除键控后图像残留的键控色的痕迹，消除图像边缘溢出的键控色，这些溢出的键控色常常是由于背景的反射造成的，如图8-27所示。

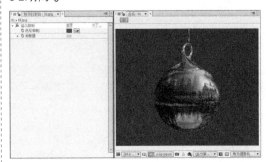

图8-27

色彩抑制：拾取选择要进一步删除的溢出颜色。

抑制量：控制溢出颜色的程度。

8.2　外挂抠像

根据设计制作任务的需要，可以将外挂抠像插件安装在电脑中。安装后，就可以使用功能强大的外挂抠像插件。例如Keylight（1.2）插件是为专业的高端电影开发的抠像软件，用于精细地去除影像中任何一种指定的颜色。

8.2.1　课堂案例——复杂抠像

案例学习目标：学习使用外挂抠像命令制作复杂抠像效果。

案例知识要点：使用"缩放"属性改变图片大小；使用"Keylight"命令修复图片效果。复杂抠像效果如图8-28所示。

效果所在位置：Ch08\复杂抠像\复杂抠像.aep。

图8-28

（1）按Ctrl+N组合键，弹出"图像合成设置"对话框，在"合成组名称"文本框中输入"抠像"，其他选项的设置如图8-29所示，单击"确定"按钮，创建一个新的合成"抠像"。

图8-29

（2）选择"文件 > 导入 > 文件"命令，在弹出的"导入文件"对话框中，选择本书学习资源中的"Ch08 \复杂抠像 \ (Footage) \ 01.jpg、02.jpg"文件，单击"打开"按钮，导入图片到"项目"面板中，如图8-30所示。

图8-30

（3）在"项目"面板中，选中"02.jpg"文件并将其拖曳到"时间线"面板中，如图8-31所示。"合成"窗口中的效果如图8-32所示。

图8-31　　　　　　图8-32

（4）选择"效果 > 键控 > Keylight"命令，选择"屏幕颜色"选项右侧的吸管工具，如图8-33所示，吸取背景素材上的蓝色，如图8-34所示。

图8-33　　　　　　图8-34

（5）在"特效控制台"面板中进行参数设置，如图8-35所示。"合成"窗口中的效果如图8-36所示。

图8-35　　　　　　　　图8-36

（6）按Ctrl+N组合键，弹出"图像合成设置"对话框，在"合成组名称"文本框中输入"复杂抠像"，其他选项的设置如图8-37所示，单击"确定"按钮，创建一个新的合成"复杂抠像"。在"项目"面板中，选中"01.jpg"文件和"抠像"合成并将其拖曳到"时间线"面板中，图层的排列顺序如图8-38所示。

图8-37

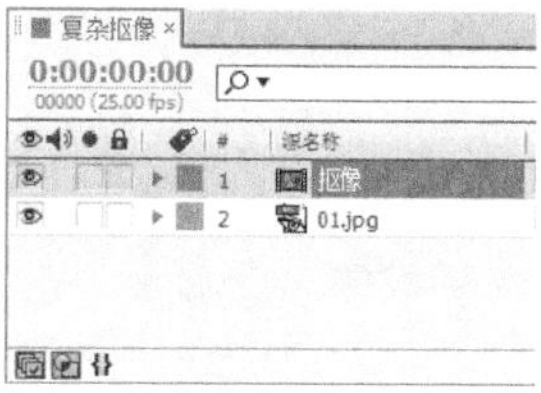

图8-38

（7）选中"抠像"图层，按S键，展开"缩放"属性，设置"缩放"选项的数值为53、53%，如图8-39所示。"合成"窗口中的效果如图8-40所示。

图8-39

图8-40

（8）按P键，展开"位置"属性，设置"位置"选项的数值为533、336，如图8-41所示。复杂抠像效果制作完成，如图8-42所示。

图8-41

图8-42

8.2.2　Keylight（1.2）

"抠像"一词是从早期电视制作中得来的，英文称作"Keylight"，意思就是吸取画面中的某一种颜色作为透明色，将它从画面中删除，从而使背景透出来，形成两层画面的叠加合成。这样在室内拍摄的人物经抠像后与各景物叠加在一起，形成了各种奇特效果，如图8-43所示。

图8-43

After Effects中，实现键出的滤镜都放置在"键控"分类里，根据其原理和用途，又可以分为3类：二元键出、线性键出和高级键出。其各个属性的含义如下。

二元键出：诸如"颜色键"和"亮度键"等。这是一种比较简单的键出抠像，只能产生透明与不透明效果，对于半透明效果的抠像就力不从心了，适合前期拍摄较好的高质量视频，有着明确的边缘，背景平整且颜色无太大变化。

线性键出：诸如"线性色键""差异蒙版"和"提取（抽出）"等。这类键出抠像可以将键出色与画面颜色进行比较，当两者不完全相同时，则自动抠去键出色；当键出色与画面颜色不是完全符合时，将产生半透明效果，但是此类滤镜产生的半透明效果是线性分布的，虽然适合大部分抠像要求，但对于烟雾、玻璃之类更为细腻的半透明抠像仍有局限，需要借助更高级的抠像滤镜。

高级键出：诸如"颜色差异键"和"色彩范围"等。此类键出滤镜适合复杂的抠像操作，对于透明、半透明的物体抠像十分适合，并且即使实际拍摄时背景不够平整、蓝屏或者绿屏亮度分布不均匀带有阴影等情况都能得到不错的键出抠像效果。

课堂练习——替换人物背景

练习知识要点：使用"颜色键"命令去除图片背景；使用"位置"和"缩放"属性改变图片位置及大小；使用"调节层"命令新建调节层；使用"色相位/饱和度"命令调整图片颜色。替换人物背景效果如图8-44所示。

效果所在位置：Ch08\替换人物背景\替换人物背景.aep。

图8-44

课后习题——电商广告

习题知识要点：使用"位置"属性改变图片的位置；使用"Keylight"命令修复图片效果。电商广告效果如图8-45所示。

效果所在位置：Ch08\电商广告\电商广告.aep。

图8-45

第 *9* 章

添加声音特效

本章介绍

　　本章对声音的导入和声音面板进行了详细讲解，包括声音导入与监听、声音长度的缩放、声音的淡入淡出、声音的倒放、低音和高音、声音的延迟、镶边与和声等内容。读者通过对本章的学习，可以完全掌握After Effects的声音特效制作。

课堂学习目标

◆ 了解声音导入影片的方法

◆ 熟悉声音特效面板的应用

技能目标

◆ 掌握"为影片添加背景音乐"的制作方法

◆ 掌握"为体育视频添加背景音乐"的制作方法

9.1 将声音导入影片

音乐是影片的引导者，没有声音的影片无论是多么精彩也不会使观众陶醉。下面介绍把声音配入影片中及动态音量的设置方法。

9.1.1 课堂案例——为影片添加背景音乐

案例学习目标： 学习使用声音导入影片制作为帆船视频添加背景音乐效果。

案例知识要点： 使用"导入"命令导入声音、视频文件；使用"音频电平"选项制作背景音乐效果。为影片添加背景音乐效果如图9-1所示。

效果所在位置： Ch09\为影片添加背景音乐\为影片添加背景音乐.aep。

图9-1

（1）按Ctrl+N组合键，弹出"图像合成设置"对话框，在"合成组名称"文本框中输入"最终效果"，其他选项的设置如图9-2所示，单击"确定"按钮，创建一个新的合成"最终效果"，"项目"面板如图9-3所示。

（2）选择"文件 > 导入 > 文件"命令，在弹出的"导入文件"对话框中，选择本书学习资源中的"Ch09\为影片添加背景音乐\（Footage）\01.mov、02.wma"文件，如图9-4所示，单击"打开"按钮，导入视频，并将其拖曳到"时间线"面板中，层的排列如图9-5所示。

图9-2

图9-3

图9-4

图9-5

（3）选中"02.wma"层，展开"音频"属性，将时间标签放置在10秒的位置，如图9-6所示。在"时间线"面板中，单击"音频电平"选项左侧的"关键帧自动记录器"按钮 ⃝，记录第1个关键帧，如图9-7所示。

图9-6

图9-7

（4）将时间标签放置在11秒24帧的位置，如图9-8所示。设置"音频电平"选项的数值为-30，如图9-9所示，记录第2个关键帧。

图9-8

图9-9

（5）为影片添加背景音乐效果制作完成。

9.1.2　声音的导入与监听

启动After Effects，选择"文件 > 导入 >文件"命令，在弹出的"导入文件"对话框中，选择本书学习资源中的"基础素材 > Ch09 > 美丽的天空"文件，单击"打开"按钮导入文件。在"项目"面板中选中该素材，观察到预览窗口下方出现了声波图形，如图9-10所示。这说明该视频素材携带着声道。从"项目"面板中将"美丽的天空"文件拖曳到"时间线"面板中。

选择"窗口 > 预览控制台"命令，或按Ctrl+3组合键，在弹出的"预览控制台"面板中确定 图标为弹起状态，如图9-11所示。在"时间线"面板中同样确定 图标为弹起状态，如图9-12所示。

图9-10

图9-11

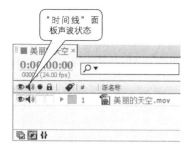

图9-12

按数字键盘0键即可监听影片的声音，按住Ctrl键的同时，拖动时间标签，可以实时听到当前时间指针位置的音频。

选择"窗口 > 音频"命令，或按Ctrl+4组合键，弹出"音频"面板，在该面板中拖曳滑块可以调整声音素材的总音量或分别调整左右声道的音量，如图9-13所示。

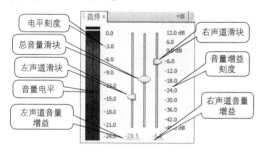

图9-13

在"时间线"面板中打开"波形"卷展栏，可以在其中显示声音的波形，调整"音频电平"右侧的两个参数可以分别调整左、右声道的音量，如图9-14所示。

图9-14

9.1.3　声音长度的缩放

在"时间线"面板底部单击按钮 ，将控制区域完全显示出来。在"持续时间"项可以设

置声音的播放长度，在"伸缩"项可以设置播放时长与原始素材时长的百分比，如图9-15所示。例如，将"伸缩"参数设置为200.0%后，声音的实际播放时长是原始素材时长的2倍。但通过这两个参数缩短或延长声音的播放长度后，声音的音调也同时升高或降低。

图9-15

9.1.4　声音的淡入淡出

将时间标签拖曳到起始帧的位置，在"音频电平"左侧单击"关键帧自动记录器"按钮 ，添加关键帧。输入参数-100.00；拖曳时间标签到2秒的位置，输入参数0.00，观察到在"时间线"上增加了两个关键帧，如图9-16所示。此时按住Ctrl键不放拖曳时间标签，可以听到声音由小变大的淡入效果。

图9-16

拖曳时间标签到第20帧的位置，输入"音频电平"参数为0.10；拖曳时间标签到结束帧，输入"音频电平"参数为-100.00。"时间线"面板的状态如图9-17所示。按住Ctrl键不放拖曳时间标签，可以听到声音的淡出效果。

图9-17

9.2 声音特效面板

为声音添加特效就像为视频添加滤镜一样，只要在效果面板中单击相应的命令来完成需要的操作就可以了。

9.2.1 课堂案例——为体育视频添加背景音乐

案例学习目标：学习使用声音特效。

案例知识要点：使用"低音与高音"命令制作声音文件特效；使用"高通/低通"命令调整高低音效果；使用"照片滤镜"命令调整视频的色调。为体育视频添加背景音乐效果如图9-18所示。

效果所在位置：Ch09\为体育视频添加背景音乐\为体育视频添加背景音乐.aep。

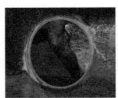

图9-18

（1）按Ctrl+N组合键，弹出"图像合成设置"对话框，在"合成组名称"文本框中输入"最终效果"，其他选项的设置如图9-19所示，单击"确定"按钮，创建一个新的合成"最终效果"。

（2）选择"文件 > 导入 > 文件"命令，在弹出的"导入文件"对话框中，选择本书学习资源中的"Ch09\为体育视频添加背景音乐\(Footage)\ 01.mov、02.mp3"文件，如图9-20所示，单击"打开"按钮，导入视频，并将其拖曳

到"时间线"面板中，层的排列如图9-21所示。

图9-19

图9-20

图9-21

（3）选中"02.mp3"层，展开该层的"音频"属性，在"时间线"面板中，将时间标签放置在13秒20帧的位置，如图9-22所示。在"时间线"面板中，单击"音频电平"选项左侧的"关键帧自动记录器"按钮，记录第1个关键帧，

如图9-23所示。

图9-22

图9-23

（4）将时间标签放置在15秒24帧的位置，如图9-24所示。在"时间线"面板中，设置"音频电平"选项的数值为-30，如图9-25所示，记录第2个关键帧。

图9-24

图9-25

（5）选择"效果＞音频＞低音与高音"命令，在"特效控制台"面板中进行参数设置，如图9-26所示。选择"效果＞音频＞高通/低通"命令，在"特效控制台"面板中进行参数设置，如图9-27所示。

图9-26

图9-27

（6）选中"01.mov"层，选择"效果＞色彩校正＞照片滤镜"命令，在"特效控制台"面板中进行参数设置，如图9-28所示。为体育视频添加背景音乐效果制作完成，如图9-29所示。

图9-28

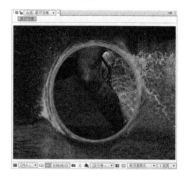

图9-29

9.2.2　倒放

选择"效果＞音频＞倒放"命令，即可将该特效菜单添加到特效控制台中。这个特效可以倒放音频素材，即从最后一帧向第一帧播放。勾选"交换声道"复选框可以交换左、右声道中的音频，如图9-30所示。

图9-30

9.2.3　低音与高音

选择"效果＞音频＞低音与高音"命令即可

将该特效滤镜添加到特效控制台中。拖曳低音或高音滑块可以增加或减少音频中低音或高音的音量,如图9-31所示。

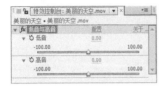

图9-31

9.2.4　延迟

选择"效果 > 音频 > 延迟"命令,即可将该特效添加到特效控制台中。它可将声音素材进行多层延迟来模仿回声效果,例如制造墙壁的回声或空旷的山谷中的回音。"延迟时间"参数用于设定原始声音和其回音之间的时间间隔,单位为毫秒;"延迟量"参数用于设置延迟音频的音量;"回授"参数用于设置由回音产生的后续回音的音量;"干输出"参数用于设置声音素材的电平;"湿输出"参数用于设置最终输出声波的电平,如图9-32所示。

图9-32

9.2.5　镶边与和声

选择"效果 > 音频 > 镶边与和声"命令,即可将该特效添加到特效控制台中。"镶边"效果产生的原理是将声音素材的一个拷贝稍作延迟后与原声音混合,这样就造成某些频率的声波产生叠加或相减,这在声音物理学中被称作为"梳状滤波",它会产生一种"干瘪"的声音效果,该效果经常被应用在电吉他独奏中。当混入多个延迟的拷贝声音后会产生乐器的"和声"效果。

在该特效设置栏中,"声音"参数用于设置

延迟的拷贝声音的数量,增大此值将使延迟效果减弱而使合唱效果增强。"变调深度"用于设置拷贝声音的混合深度;"声音相位改变"参数用于设置拷贝声音相位的变化程度。"干声输出/湿声输出"用于设置未处理音频与处理后的音频的混合程度,如图9-33所示。

图9-33

9.2.6　高通/低通

选择"效果 > 音频 > 高通/低通"命令,即可将该特效添加到特效控制台中。该声音特效只允许设定的频率通过,通常用于滤去低频率或高频率的噪音,如电流声、嗡嗡声等。在"过滤选项"栏中可以选择使用"高通"方式或"低通"方式。"频率截断"参数用于设置滤波器的分界频率,当选择"高通"方式滤波时,低于该频率的声音被滤除;当选择"低通"方式滤波时,则高于该频率的声音被滤除。"干输出"调整在最终渲染时,未处理的音频的混合量,"干输出"参数用于设置声音素材的电平,"湿输出"参数用于设置最终输出声波的电平,如图9-34所示。

图9-34

9.2.7　调制器

选择"效果 > 音频 > 调制器"命令,即可将该特效添加到特效控制台中。该声音特效可以为声音素材加入颤音效果。"变调类型"用于设定颤音的波形，"变调比率"参数以Hz为单位设定颤音调制的频率。"变调深度"参数以调制频率的百分比为单位设定颤音频率的变化范围。"振幅变调"用于设定颤音的强弱，如图9-35所示。

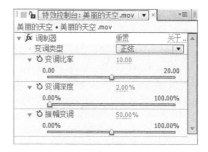

图9-35

课堂练习——为瀑布添加声音特效

练习知识要点：使用"导入"命令导入视频与音乐；选择"音频电平"属性编辑音乐添加关键帧。为瀑布添加声音特效效果如图9-36所示。

效果所在位置：Ch09\为瀑布添加声音特效\为瀑布添加声音特效.aep。

图9-36

课后习题——为都市前沿添加背景音乐

习题知识要点：使用"倒放"命令将音乐倒放；使用"音频电平"属性编辑音乐添加关键帧；使用"高通/低通"命令编辑高低音效果。为都市前沿添加背景音乐效果如图9-37所示。

效果所在位置：Ch09\为都市前沿添加背景音乐\为都市前沿添加背景音乐.aep。

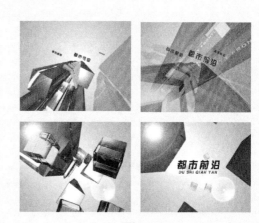

图9-37

第 *10* 章

制作三维合成特效

本章介绍

　　After Effects不仅可以在二维空间创建合成效果，随着新版本的推出，在三维立体空间中的合成与动画功能也越来越强大。新版本在具有深度的三维空间中可以丰富图层的运动样式，创建更逼真的灯光、投射阴影、材质效果和摄像机运动效果。通过学习本章的内容，读者可以掌握制作三维合成特效的方法和技巧。

学习目标

◆ 了解三维合成的应用
◆ 掌握灯光的应用和摄像机的创建方法

技能目标

◆ 掌握"三维空间"的制作方法
◆ 掌握"星光碎片"的制作方法

10.1 三维合成

After Effects CS6可以在三维层中显示图层，将图层指定为三维时，After Effects会添加一个z轴控制该层的深度。当z轴值增加时，该层在空间中会移动到更远处；当z轴值减小时，则会更近。

10.1.1 课堂案例——三维空间

案例学习目标：学习使用三维合成制作三维空间效果。

案例知识要点：使用"横排文字"工具输入文字；使用"位置"选项制作文字动画效果；使用"马赛克"命令、"最大/最小"命令、"查找边缘"命令制作特效形状；使用"渐变"命令制作背景渐变效果；使用变换三维层的位置属性制作空间效果；使用"透明度"选项调整文字透明度。三维空间效果如图10-1所示。

效果所在位置：Ch10\三维空间\三维空间.aep。

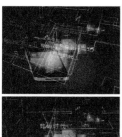

图10-1

1. 编辑文字

（1）按Ctrl+N组合键，弹出"图像合成设置"对话框，在"合成组名称"文本框中输入"线框"，其他选项的设置如图10-2所示，单击"确定"按钮，创建一个新的合成"线框"，"项目"面板如图10-3所示。

图10-2

图10-3

（2）选择"横排文字"工具T，在"合成"窗口中输入文字"123456789"。选中文字，在"文字"面板中，设置"填充色"为浅灰色（其R、G、B的值均为235），其他参数设置如图10-4所示。"合成"窗口中的效果如图10-5所示。

图10-4

图10-5

（3）选中"文字"层，按P键，展开"位置"属性，设置"位置"选项的数值为-251、651，如图10-6所示。"合成"窗口中的效果如图10-7所示。

图10-6

图10-7

（4）展开"文字"层的属性，单击"动画"后的按钮⊙，在弹出的下拉菜单中选择"缩放"选项，如图10-8所示，在"时间线"面板中自动添加一个"范围选择器1"和"缩放"选项。选择"范围选择器1"选项，按Delete键删除，设置"缩放"选项的数值为180、180%，如图10-9所示。

图10-8

图10-9

（5）单击"动画1"选项右侧的"添加"后的按钮⊙，在弹出的窗口中选择"选择 > 摇摆"选项，如图10-10所示。展开"波动选择器1"属性，设置"模式"选项为"加"，如图10-11所示。

图10-10

图10-11

（6）展开"文字"选项下的"高级选项"属性，设置"编组对齐"选项的数值为0、160，如图10-12所示。"合成"窗口中的效果如图10-13所示。

图10-12

图10-13

（7）选择"效果 > 风格化 > 马赛克"命令，在"特效控制台"面板中进行参数设置，如图10-14所示。"合成"窗口中的效果如图10-15所示。

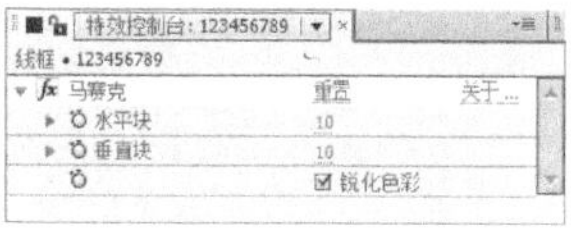

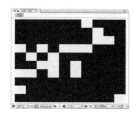

图10-14

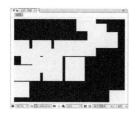

图10-15

（8）选择"效果 > 通道 > 最大/最小"命令，在"特效控制台"面板中进行参数设置，如图10-16所示。"合成"窗口中的效果如图10-17所示。

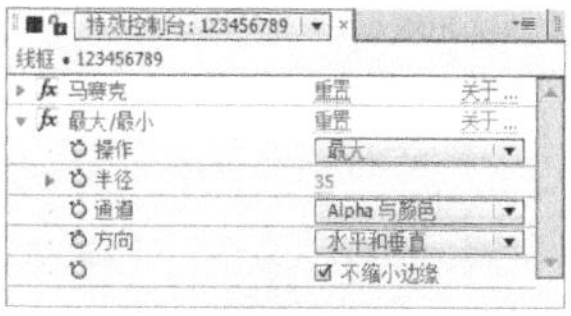

图10-16

图10-17

（9）选择"效果 > 风格化 > 查找边缘"命令，在"特效控制台"面板中进行参数设置，如图10-18所示。"合成"窗口中的效果如图10-19所示。

图10-18

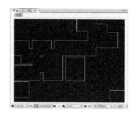

图10-19

（10）按Ctrl+N组合键，弹出"图像合成设置"对话框，在"合成组名称"文本框中输入"文字"，其他选项的设置如图10-20所示，单击"确定"按钮，创建一个新的合成"文字"。选择"横排文字"工具T，在"合成"窗口中输入文字"数码时代"。选中文字，在"文字"面板中，设置"填充色"为淡灰色（其R、G、B的值均为235），其他参数设置如图10-21所示。

图10-20

图10-21

（11）单击"文字"层右侧的"3D图层"按钮，打开三维属性，如图10-22所示。按S键，展开"缩放"属性，设置"缩放"选项的数值为80、80、80%，如图10-23所示。

图10-22

图10-23

（12）按P键，展开"位置"属性，设置"位置"选项的数值为355、531、550，如图10-24所示。选中"文字"层，单击收缩属性按钮 ，按4次Ctrl+D组合键复制4层，如图10-25所示。

图10-24

图10-25

2. 添加文字动画

（1）选中"数码时代"层，将时间标签放置在2秒5帧的位置，如图10-26所示。按P键，展开"位置"属性，单击"位置"选项左侧的"关键帧自动记录器"按钮 ，如图10-27所示，记录第1个关键帧。

（2）将时间标签放置在3秒5帧的位置，如图10-28所示，设置"位置"选项的数值为355、530、-1200，如图10-29所示，记录第2个关键帧。

图10-26

图10-27

图10-28

图10-29

（3）选中"数码时代2"层，将时间标签放置在1秒15帧的位置。按P键，展开"位置"属性，设置"位置"选项的数值为428、453、-60，单击"位置"选项左侧的"关键帧自动记录器"按钮 ，如图10-30所示，记录第1个关键帧。将时间标签放置在2秒15帧的位置，设置"位置"选项的数值为428、453、-1400，如图10-31所示，记录第2个关键帧。

图10-30

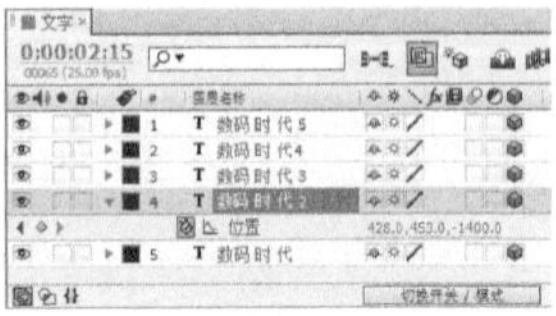

图10-31

（4）选中"数码时代3"层，将时间标签放置在2秒15帧的位置。按P键，展开"位置"属性，设置"位置"选项的数值为320、413、-100，单击"位置"选项左侧的"关键帧自动记录器"按钮，如图10-32所示，记录第1个关键帧。将时间标签放置在3秒15帧的位置，设置"位置"选项的数值为320、457、-1500，如图10-33所示，记录第2个关键帧。

图10-32

图10-33

（5）选中"数码时代4"层，将时间标签放置在1秒10帧的位置。按P键，展开"位置"属性，设置"位置"选项的数值为490、364、150，单击"位置"选项左侧的"关键帧自动记录器"按钮，如图10-34所示，记录第1个关键帧。将时间标签放置在2秒10帧的位置，设置"位置"选项的数值为490、364、-1400，如图10-35所示，记录第2个关键帧。

图10-34

图10-35

（6）选中"数码时代5"层，将时间标签放置在2秒20帧的位置。按P键，展开"位置"属性，

设置"位置"选项的数值为360、312、288，单击"位置"选项左侧的"关键帧自动记录器"按钮，如图10-36所示，记录第1个关键帧。将时间标签放置在3秒20帧的位置，设置"位置"选项的数值为360、312、-1200，如图10-37所示，记录第2个关键帧。

图10-36

图10-37

3. 制作空间效果

（1）按Ctrl+N组合键，弹出"图像合成设置"对话框，在"合成组名称"文本框中输入"三维空间"，其他选项的设置如图10-38所示，单击"确定"按钮，创建一个新的合成"三维空间"。

图10-38

（2）选择"文件 > 导入 > 文件"命令，在弹出的"导入文件"对话框中，选择本书学习资源中的"Ch10\三维空间\（Footage）\ 01.jpg"文件，如图10-39所示，单击"打开"按钮，导入图片，并将"01.jpg"文件拖曳到"时间线"面板中，如图10-40所示。

图10-39

图10-40

（3）在"项目"面板中，选中"线框"合成并将其拖曳到"时间线"面板中5次，单击所有"线框"层右面的"3D图层"按钮 ⬢，打开三维属性，在"时间线"面板中，设置所有"线框"层的混合模式为"添加"，如图10-41所示。

图10-41

（4）选中"图层5"层，展开该层的"变换"属性，并在"变换"选项区中设置参数，如图10-42所示。选中"图层4"层，展开该层的"变换"属性，并在"变换"选项区中设置参数，如图10-43所示。

图10-42

图10-43

（5）选中"图层3"层，展开该层的"变换"属性，并在"变换"选项区中设置参数，如图10-44所示。选中"图层2"层，展开该层的"变换"属性，并在"变换"选项中设置参数，如图10-45所示。

图10-44

图10-45

（6）选中"图层1"层，展开该层的"变换"属性，并在"变换"选项区中设置参数，如图10-46所示。"合成"窗口中的效果如图10-47所示。

图10-46

图10-47

（7）在"项目"面板中，选中"文字"合成并将其拖曳到"时间线"面板中，单击文字层右侧的"3D图层"按钮⧄，打开三维属性，如图10-48所示。将时间标签放置在3秒的位置，如图10-49所示。

图10-48

图10-49

（8）按T键，展开"透明度"属性，设置"透明度"选项的数值为100，单击"透明度"选项左侧的"关键帧自动记录器"按钮⏱，如图10-50所示，记录第1个关键帧。将时间标签放置在4秒的位置，设置"透明度"选项的数值为0，如图10-51所示，记录第2个关键帧。

图10-50

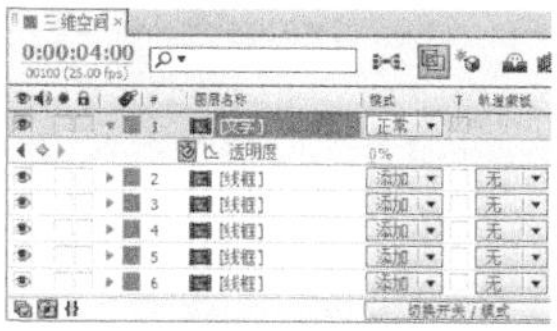

图10-51

（9）选择"图层 > 新建 > 摄像机"命令，弹出"摄像机设置"对话框，选项设置如图10-52所示，单击"确定"按钮，在"时间线"面板中新增一个摄像机层，如图10-53所示。

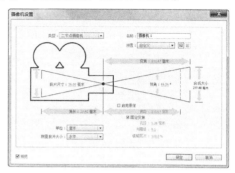

图10-52

图10-53

（10）选中"摄像机1"层，按P键，展开摄像机层的"位置"属性，将时间标签放置在0秒的位置，设置"位置"选项的数值为600、-150、-600，单击"位置"选项左侧的"关键帧自动记录器"按钮⏱，如图10-54所示，记录第1个关键帧。将时间标签放置在4秒的位置，设置"位置"选项的数值为360、288、-600，如图10-55所示，记录第2个关键帧。

图10-54

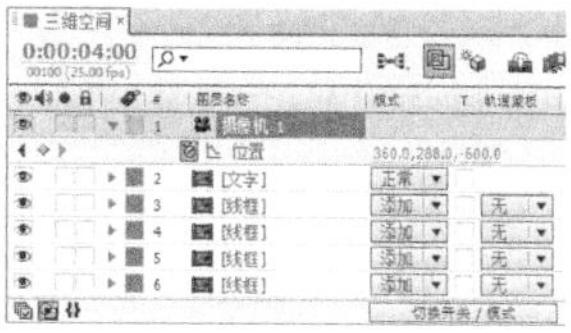

图10-55

（11）选择"图层 > 新建 > 调节层"命令，在"时间线"面板中新增一个调节层，选中"调节层1"层，将其放置在"文字"层下方，如图10-56所示。选择"效果 > 风格化 > 辉光"命令，在"特效控制台"面板中进行参数设置，如图10-57所示。"合成"窗口中的效果如图10-58所示。

图10-56

 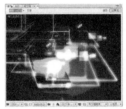

图10-57　　　　　　　　图10-58

（12）在"时间线"面板中，设置"调节层1"层的混合模式为"正片叠底"，如图10-59所示。三维空间效果制作完成，如图10-60所示。

 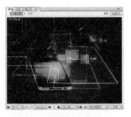

图10-59　　　　　　　　图10-60

10.1.2　转换成三维层

除了声音以外，所有素材层都有可以实现三维层的功能。将一个普通的二维层转化为三维层也非常简单，只需要在层属性开关面板打开"3D图层"按钮 即可，展开层属性就会发现"变换"属性中无论是"定位点"属性、"位置"属性、"缩放"属性、"方向"属性，还是"旋转"属性，都出现了z轴向参数信息，另外还添加

了另一个"质感选项"属性，如图10-61所示。

调节"Y轴旋转"选项的数值为45°。"合成"窗口中的效果如图10-62所示。

图10-61

图10-62

如果要将三维层重新变回二维层，只需要在层属性开关面板再次单击"3D图层"按钮 ，关闭三维属性即可，三维层当中的z轴信息和"质感选项"信息将丢失。

> **提示**
>
> 虽然很多特效可以模拟三维空间效果（例如，"效果 > 扭曲 > 膨胀"滤镜），不过这些都是实实在在的二维特效，也就是说，即使这些特效当前作用是三维层，但是它们仍然只是模拟三维效果而不会对三维层轴产生任何影响。

10.1.3　变换三维层的位置属性

对于三维层来说，"位置"属性由 x、y、z 3个维度的参数控制，如图10-63所示。

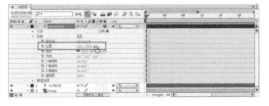

图10-63

（1）打开After Effects软件，选择"文件 > 打开项目"命令，选择本书学习资源中的"基础素材 > Ch10 > 三维图层.aep"文件，单击"打开"按钮打开此文件。

（2）在"时间线"面板中，选择某个三维层，或者摄像机层，或者灯光层，被选择层的坐标轴将会显示出来，其中红色坐标代表x轴向，绿色坐标代表y轴向，蓝色坐标代表z轴向。

（3）在"工具"面板，选择"选择"工具 ，在"合成"预览窗口中，将鼠标指针停留在各个轴向上，观察指针的变化，当指针变成 时，代表移动锁定在x轴向上；当指针变成 时，代表移动锁定在y轴向上；当指针变成 时，代表移动锁定在z轴向上。

> 🔍 提示
>
> 光标如果没有呈现任何坐标轴信息，可以在空间中全方位地移动三维对象。

10.1.4　变换三维层的旋转属性

1. 使用"方向"属性旋转

（1）选择"文件 > 打开项目"命令，选择本书学习资源中的"基础素材 > Ch10 > 三维图层.aep"文件，单击"打开"按钮打开此文件。

（2）在"时间线"面板中，选择某三维层，或者摄像机层，或者灯光层。

（3）在"工具"面板中，选择"旋转"工具 ，在坐标系选项的右侧下拉列表中选择"方向"选项，如图10-64所示。

图10-64

（4）在"合成"预览窗口中，将鼠标指针放置在某个坐标轴上，当鼠标指针出现X时，进行x轴向旋转；当鼠标指针出现Y时，进行y轴向旋转；当鼠标指针出现Z时，进行z轴向旋转；在没

有出现任何信息时，可以全方位旋转三维对象。

（5）在"时间线"面板中，展开当前三维层变换属性，观察3组"旋转"属性值的变化，如图10-65所示。

图10-65

2. 使用"旋转"属性旋转

（1）使用上面的素材案例，选择"文件 > 返回"命令，还原到项目文件的上次存储状态。

（2）在"工具"面板中，选择"旋转"工具 ，在坐标系选项的右侧下拉列表中选择"旋转"选项，如图10-66所示。

图10-66

（3）在"合成"预览窗口中，将鼠标指针放置在某坐标轴上，当鼠标指针出现X时，进行x轴向旋转；当鼠标指针出现Y时，进行y轴向旋转；当鼠标指针出现Z时，进行z轴向旋转；在没有出现任何信息时，可以全方位旋转三维对象。

（4）在"时间线"面板中，展开当前三维层变换属性，观察3组"旋转"属性值的变化，如图10-67所示。

图10-67

10.1.5　三维视图

虽然对三维空间感知并不需要通过专业的训练，是任何人都具备的本能感应，但是在制作过

程中，往往会由于各种原因（场景过于复杂等因素）导致视觉错觉，无法仅通过对透视图的观察正确判断当前三维对象的具体空间状态，因此往往需要借助更多的视图作为参照，例如，前、左、顶、有效摄像机等。从而得到准确的空间位置信息，如图10-68、图10-69、图10-70和图10-71所示。

图10-68

图10-69

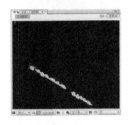

图10-70

图10-71

在"合成"预览窗口中，可以通过单击 `有效摄像机 ▼`（3D视图）下拉式菜单，在各个视图模块中进行切换，这些模式大致分为3类：正交视图、摄像机视图和自定义视图。

1. 正交视图

正交视图包括前、左、顶、后、右和底，其实就是以垂直正交的方式观看空间中的6个面，在正交视图中，长度尺寸和距离以原始数据的方式呈现，从而忽略掉了透视所导致的大小变化，也就意味着在正交视图观看立体物体时没有透视感，如图10-72所示。

图10-72

2. 摄像机视图

摄像机视图是从摄像机的角度，通过镜头去观看空间，与正交视图不同的是，这里描绘出的空间和物体是带有透视变化的视觉空间，非常真实地再现了近大远小、近长远短的透视关系，通过镜头的特殊属性设置，还能对此进行进一步的夸张设置等，如图10-73所示。

图10-73

3. 自定义视图

自定义视图是从几个默认的角度观看当前空间，可通过"工具"面板中的摄像机视图工具调整其角度，同摄像机视图一样，自定义视图同样是遵循透视的规律来呈现当前空间的，不过自定义视图并不要求合成项目中必须有摄像机才能打开，当然也不具备通过镜头设置带来的景深、广角、长焦之类的观看空间方式，可以仅仅理解为3个可自定义的标准透视视图。

`有效摄像机 ▼`（3D视图）下拉式菜单中具体选项，如图10-74所示。

图10-74

⊙ **有效摄像机**：当前激活的摄像机视图，也就是当前时间位置被打开的摄像机层的视图。

⊙ **前**：前视图，从正前方观看合成空间，不带透视效果。

⊙ **左**：左视图，从正左方观看合成空间，不带透视效果。

⊙ **顶**：顶视图，从正上方观看合成空间，不带透视效果。

⊙ **后**：背视图，从后方观看合成空间，不带透视效果。

⊙ **右**：右视图，从正右方观看合成空间，不带透视效果。

⊙ **底**：底视图，从正底部观看合成空间，不带透视效果。

⊙ **自定义视图1~3**：3个自定义视图，从3个默认的角度观看合成空间，含有透视效果，可以通过"工具"面板中的摄像机位置工具移动视角。

10.1.6 多视图方式观测三维空间

在进行三维创作时，虽然可以通过3D视图下拉式菜单方便地切换各个不同视角，但是仍然不利于各个视角的参照对比，而且来回频繁地切换视图也会导致创作效率低下。不过庆幸的是，After Effects提供了多种视图方式，可以同时多角度观看三维空间，在"合成"预览窗口中的"选定视图方案"下拉式菜单中可选择相应的视图。

⊙ **1视图**：仅显示一个视图，如图10-75所示。

⊙ **2视图-左右**：同时显示两个视图，左右排列，如图10-76所示。

图10-75   图10-76

⊙ **2视图-上下**：同时显示两个视图，上下排列，如图10-77所示。

⊙ **4视图**：同时显示4个视图，如图10-78所示。

 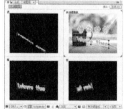

图10-77   图10-78

⊙ **4视图-左**：同时显示4个视图，其中主视图在右边，如图10-79所示。

⊙ **4视图-右**：同时显示4个视图，其中主视

图在左边，如图10-80所示。

 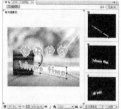

图10-79   图10-80

⊙ **4视图-上**：同时显示4个视图，其中主视图在下边，如图10-81所示。

⊙ **4视图-下**：同时显示4个视图，其中主视图在上边，如图10-82所示。

 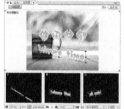

图10-81   图10-82

其中每个分视图都可以在被激活后，用3D视图菜单更换具体观测角度，或者进行视图显示设置等。

另外，通过选中"共享视图"选项，可以让多视图共享同样的视图设置。例如，"安全框显示"选项、"网格显示"选项、"通道显示"选项等。

> **⌕提示**
>
> 通过上下滚动鼠标中键的滚轴，可以在不激活视图的情况下，对鼠标指针位置下的视图进行缩放操作。

10.1.7 坐标体系

在控制三维对象的时候，都会依据某种坐标体系进行轴向定位，在After Effects里，提供了3种轴向坐标：当前坐标、世界坐标和视图坐标系。坐标系的切换是通过"工具"面板里的▦、▣和▣实现的。

1．当前坐标系⊞

当前坐标系是使用物体表面坐标轴作为变换依据，如图10-83所示。

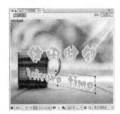

图10-83

2．世界坐标系◉

世界坐标系是使用合成空间中的绝对坐标系作为定位，坐标系轴向不会随着物体的旋转而改变，属于一种绝对值。无论在哪一个视图，x轴向始终是往水平方向延伸，y轴向始终是往垂直方向延伸，z轴向始终往纵深方向延伸，如图10-84所示。

图10-84

3．视图坐标系◨

视图坐标系同当前所处的视图有关，也可以称之为屏幕坐标系，对于正交视图和自定义视图，x轴向仍然和y轴向始终平行于视图，其纵深轴z轴向始终垂直于视图；对于摄像机视图，x轴向和y轴向仍然始终平行于视图，但z轴向则有一定的变动，如图10-85所示。

图10-85

10.1.8　三维层的材质属性

当普通的二维层转化为三维层时，还添加了一个全新的属性"质感选项"属性，可以通过此属性的各项设置，决定三维层如何响应灯光光照系统，如图10-86所示。

图10-86

选中某个三维素材层，连续两次按A键，展开"质感选项"属性。

投射阴影：是否投射阴影选项。其中包括"打开""关闭""只有阴影"3种模式，如图10-87、图10-88和图10-89所示。

图10-87

图10-88　　　　　　图10-89

照明传输：透光程度，可以体现半透明物体在灯光下的照射效果，主要效果体现在阴影上，如图10-90和图10-91所示。

照明传输值为0%　　　照明传输值为70%
图10-90　　　　　　图10-91

160

接受阴影：是否接受阴影，此属性不能制作关键帧动画。

接受照明：是否接受光照，此属性不能制作关键帧动画。

环境：调整三维层受"环境"类型灯光影响的程度。设置"环境"类型灯光如图10-92所示。

扩散：调整层漫反射程度。如果设置为100%，将反射大量的光；如果为0%，则不反射大量的光。

镜面高光：调整层镜面反射的程度。

光泽：设置"镜面高光"的区域，值越小，"镜面高光"区域就越小。在"镜面高光"值为0的情况下，此设置将不起作用。

质感：调节由"镜面高光"反射的光的颜色。值越接近100%，就会越接近图层的颜色；值越接近0%，就越接近灯光的颜色。

图10-92

10.2 应用灯光和摄像机

After Effects中三维层具有材质属性，但要得到满意的合成效果，还必须在场景中创建和设置灯光，图层的投影、环境和反射等特性都是在一定的灯光作用下才发挥作用的。

在三维空间的合成中，除了灯光和图层材质赋予的多种多样的效果以外，摄像机的功能也是相当重要的，因为不同的视角所得到的光影效果也是不同的，而且在动画的控制方面也增强了灵活性和多样性，丰富了图像合成的视觉效果。

10.2.1 课堂案例——星光碎片

案例学习目标：学习使用调整摄像机制作星光碎片。

案例知识要点：使用"渐变"命令制作背景渐变和彩色渐变效果；使用"分形噪波"命令制作发光特效；使用"闪光灯"命令制作闪光灯效果；使用"矩形遮罩"工具绘制形状遮罩效果；使用"碎片"命令制作碎片效果；使用"摄像机"命令添加摄像机层并制作关键帧动画；使用"位置"属性改变摄像机层的位置动画；使用"启用时间重置"命令改变时间。星光碎片效果如图10-93所示。

效果图所在位置：Ch10\星光碎片\星光碎片.aep。

图10-93

1. 制作渐变效果

（1）按Ctrl+N组合键，弹出"图像合成设置"对话框，在"合成组名称"文本框中输入"渐变"，其他选项的设置如图10-94所示，单击"确定"按钮，创建一个新的合成"渐变"。

图10-94

（2）选择"图层 > 新建 > 固态层"命令，弹出"固态层设置"对话框，在"名称"文本框中输入"渐变"，将"颜色"设置为黑色，如图10-95所示，单击"确定"按钮，在"时间线"面板中新增一个黑色固态层，如图10-96所示。

图10-95　　　　图10-96

（3）选中"渐变"层，选择"效果 > 生成 > 渐变"命令，在"特效控制台"面板中，设置"开始色"为黑色，"结束色"为白色，其他参数设置如图10-97所示，设置完成后，"合成"窗口中的效果如图10-98所示。

图10-97　　　　　　　　图10-98

2. 制作发光效果

（1）再次创建一个新的合成并命名为"星光"。在当前合成中新建一个固态层"噪波"。选中"噪波"层，选择"效果 > 杂色与颗粒 > 分形噪波"命令，在"特效控制台"面板中进行参数设置，如图10-99所示。"合成"窗口中的效果如图10-100所示。

 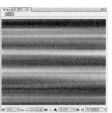

图10-99　　　　　　　　图10-100

（2）将时间标签放置在0秒的位置，在"特效控制台"面板中，分别单击"变换"下的"乱流偏移"和"演变"选项左侧的"关键帧自动记录器"按钮，如图10-101所示，记录第1个关键帧。

（3）将时间标签放置在4秒24帧的位置，在"特效控制台"面板中，设置"乱流偏移"选项的数值为-3200、240，"演变"选项的数值为1、0，如图10-102所示，记录第2个关键帧。

图10-101　　　　　　图10-102

（4）选择"效果 > 风格化 > 闪光灯"命令，在"特效控制台"面板中进行参数设置，如图10-103所示。"合成"窗口中的效果如图10-104所示。

 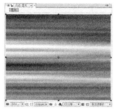

图10-103　　　　　　图10-104

（5）在"项目"面板中，选中"渐变"合成并将其拖曳到"时间线"面板中。将"噪波"层的"轨道蒙版"选项设置为"亮度蒙版'渐变'"，如图10-105所示。隐藏"渐变"层，"合成"窗口中的效果如图10-106所示。

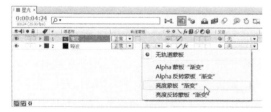

图10-105

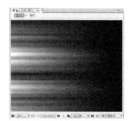

图10-106

3. 制作彩色发光效果

（1）在当前合成中建立一个新的固态层"彩色光芒"。选择"效果 > 生成 > 渐变"命令，在"特效控制台"面板中，设置"开始色"为黑色，"结束色"为白色，其他参数设置如图10-107所示，设置完成后，"合成"窗口中的效果如图10-108所示。

 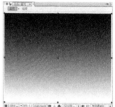

图10-107　　　　　　图10-108

（2）选择"效果 > 色彩校正 > 彩色光"命令，在"特效控制台"面板中进行参数设置，如图10-109所示。"合成"窗口中的效果如图10-110所示。

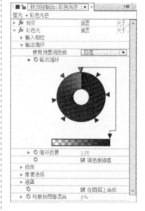 

图10-109　　　　　　图10-110

（3）在"时间线"面板中，设置"彩色光芒"层的混合模式为"颜色"，如图10-111所示。"合成"窗口中的效果如图10-112所示。在当前合成中建立一个新的固态层"遮罩"。选择"矩形遮罩"工具，在"合成"窗口中拖曳鼠标指针绘制一个矩形遮罩图形，如图10-113所示。

图10-111

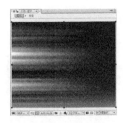

图10-112

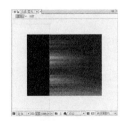

图10-113

（4）选中"遮罩"层，按F键，展开"遮罩羽化"属性，如图10-114所示，设置"遮罩羽化"选项的数值为200，如图10-115所示。

图10-114

图10-115

（5）选中"彩色光芒"层，将"彩色光芒"层的"轨道蒙版"设置为"Alpha蒙版'遮罩'"，如图10-116所示。隐藏"遮罩"层，"合成"窗口中的效果如图10-117所示。

图10-116

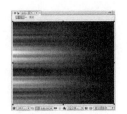

图10-117

4. 编辑图片光芒效果

（1）按Ctrl+N组合键，弹出"图像合成设置"对话框，在"合成组名称"文本框中输入"碎片"，其他选项的设置如图10-118所示，单击"确定"按钮，创建一个新的合成"碎片"。

图10-118

（2）选择"文件 > 导入 > 文件"命令，在弹出的"导入文件"对话框中，选择本书学习资源中的"Ch10\星光碎片\ (Footage)\ 01.jpg"文件，单击"打开"按钮，导入图片。在"项目"面板中，选中"渐变"合成和"01.jpg"文件，将它们拖曳到"时间线"面板中，同时单击"渐变"层左侧的眼睛按钮 👁 ，关闭该层的可视性，如图10-119所示。

图10-119

（3）选择"图层 > 新建 > 摄像机"命令，弹出"摄像机设置"对话框，在"名称"文本框中输入"摄像机1"，其他选项的设置如图10-120所示，单击"确定"按钮，在"时间线"面板中新增一个摄像机层，如图10-121所示。

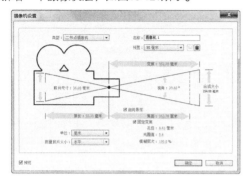

图10-120

图10-121

（4）选中"01.jpg"层，选择"效果 > 模拟仿真 > 碎片"命令，在"特效控制台"面板中，将"查看"改为"渲染"模式，展开"外形"属性，在"特效控制台"面板中进行参数设置，如图10-122所示。展开"焦点1"和"焦点2"属性，在"特效控制台"面板中进行参数设置，如图10-123所示。展开"倾斜"和"物理"属性，在"特效控制台"面板中进行参数设置，如图10-124所示。

图10-122

图10-123

图10-124

（5）将时间标签放置在2秒的位置，在"特效控制台"面板中，单击"倾斜"选项下的"碎片界限值"选项左侧的"关键帧自动记录器"按钮，如图10-125所示，记录第1个关键帧。将时间标签放置在3秒18帧的位置，在"特效控制台"面板中，设置"碎片界限值"选项的数值为100，如图10-126所示，记录第2个关键帧。

图10-125

图10-126

（6）在当前合成中建立一个新的红色固态层"参考层"，如图10-127所示。单击"参考层"右侧的"3D图层"按钮，打开三维属性，单击"参考层"左侧的眼睛按钮，关闭该层的可视性。设置"摄像机1"的"父级"关系为"1.参考层"，如图10-128所示。

图10-127

图10-128

（7）选中"参考层"层，按R键，展开"旋转"属性，设置"方向"选项的数值为90、0、0，如图10-129所示。将时间标签放置在1秒6帧的位置，单击"Y轴旋转"选项左侧的"关键帧自动记录器"按钮 ☉，如图10-130所示，记录第1个关键帧。

图10-129

图10-130

（8）将时间标签放置在4秒24帧的位置，设置"Y轴旋转"选项的数值为0、120，如图10-131所示，记录第2个关键帧。选中"摄像机1"层，按P键，展开"位置"属性，将时间标签放置在0秒的位置，设置"位置"选项的数值为320、-900、-50，单击"位置"选项左侧的"关键帧自动记录器"按钮 ☉，如图10-132所示，记录第1个关键帧。

图10-131

图10-132

（9）将时间标签放置在1秒10帧的位置，设置"位置"选项的数值为320、-700、-250，如图10-133所示，记录第2个关键帧。将时间标签放置在4秒24帧的位置，设置"位置"选项的数值为320、-560、-1000，如图10-134所示，记录第3个关键帧。

图10-133

图10-134

（10）在"项目"面板中，选中"星光"合成，将其拖曳到"时间线"面板中，并放置在"摄像机1"层的下方，如图10-135所示。单击该层右侧的"3D图层"按钮 ⬛，打开三维属性，设置该层的混合模式为"添加"，如图10-136所示。

图10-135

图10-136

（11）选中"星光"层，按P键，展开"位置"属性，将时间标签放置在1秒22帧的位置，设置"位置"选项的数值为720、288、0，单击"位置"选项左侧的"关键帧自动记录器"按钮 ☉，如图10-137所示，记录第1个关键帧。将时间标签放置在3秒24帧的位置，设置"位置"选项的数值为0、288、0，如图10-138所示，记录第2个关键帧。

图10-137

图10-138

（12）将时间标签放置在1秒11帧的位置，按T键，展开"透明度"属性，设置"透明度"选项的数值为0，单击"透明度"选项左侧的"关键帧自动记录器"按钮 ，如图10-139所示，记录第1个关键帧。将时间标签放置在1秒22帧的位置，设置"透明度"选项的数值为100，如图10-140所示，记录第2个关键帧。

图10-139

图10-140

（13）将时间标签放置在3秒24帧的位置，设置"透明度"选项的数值为100，如图10-141所示，记录第3个关键帧。将时间标签放置在4秒11帧的位置，设置"透明度"选项的数值为0，如图10-142所示，记录第4个关键帧。

图10-141

图10-142

（14）选择"图层 > 新建 > 固态层"命令，弹出"固态层设置"对话框，在"名称"文本框中输入"底板"，将"颜色"设置为灰色（其R、G、B的值均为175），单击"确定"按钮，在当前合成中建立一个新的灰色固态层，将其拖曳到最底层，如图10-143所示。

图10-143

（15）单击"底板"层右侧的"3D图层"按钮 ，打开三维属性，按P键，展开"位置"属性，将时间标签放置在3秒24帧的位置，设置"位置"选项的数值为360、288、0，单击"位置"选项左侧的"关键帧自动记录器"按钮 ，如图10-144所示，记录第1个关键帧。

图10-144

（16）将时间标签放置在4秒24帧的位置，设置"位置"选项的数值为−550、288、0，如图10-145所示，记录第2个关键帧。

图10-145

（17）选中"底板"层，按T键，展开"透明度"属性，将时间标签放置在3秒24帧的位置，设置"透明度"选项的数值为50，单击"透明度"左侧的"关键帧自动记录器"按钮 ，如图10-146所示，记录第1个关键帧。

图10-146

（18）将时间标签放置在4秒24帧的位置，设置"透明度"选项的数值为0，记录第2个关键帧，如图10-147所示。

图10-147

5. 制作最终效果

（1）按Ctrl+N组合键，弹出"图像合成设置"对话框，在"合成组名称"文本框中输入"最终效果"，其他选项的设置如图10-148所示，单击"确定"按钮。在"项目"面板中选中"碎片"合成，将其拖曳到"时间线"面板中，如图10-149所示。

图10-148

图10-149

（2）选中"碎片"层，选择"图层 > 时间 >

启用时间重置"命令，将时间标签放置在0秒的位置，在"时间线"面板中，设置"时间重置"选项的数值为04:24，如图10-150所示，记录第1个关键帧。将时间标签放置在4秒24帧的位置，在"时间线"面板中，设置"时间重置"选项的数值为0，如图10-151所示，记录第2个关键帧。

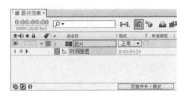

图10-150

图10-151

（3）选择"效果 > Trapcode > Starglow"命令，在"特效控制台"面板中进行参数设置，如图10-152所示。

（4）将时间标签放置在0秒的位置，单击"Threshold"选项左侧的"关键帧自动记录器"按钮，如图10-153所示，记录第1个关键帧。将时间标签放置在4秒24帧的位置，在"特效控制台"面板中，设置"Threshold"选项的数值为480，如图10-154所示，记录第2个关键帧。

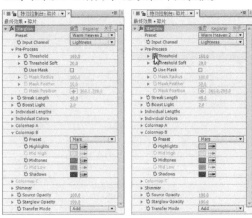

图10-152　　　　　　图10-153

图10-154

（5）星光碎片效果制作完成，如图10-155所示。

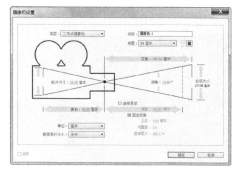

图10-155

10.2.2　创建和设置摄像机

创建摄像机的方法很简单，选择"图层 > 新建 > 摄像机"命令，或按Ctrl+Shift+Alt+C组合键，在弹出的对话框中进行设置，如图10-156所示，单击"确定"按钮完成设置。

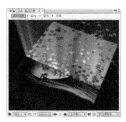

图10-156

名称：设定摄像机名称。

预置：摄像机预置，此下拉菜单中包含了9种常用的摄像机镜头，有标准的"35mm"镜头、"15mm"

广角镜头、"200mm"长焦镜头以及自定义镜头等。

单位：确定在"摄像机设置"对话框中使用的参数单位，包括像素、英寸和毫米3个选项。

测量胶片大小：可以改变"胶片尺寸"的基准方向，包括水平、垂直和对角3个选项。

变焦：设置摄像机到图像的距离。"变焦"值越大，通过摄像机显示的图层大小就会越大，视野也就相应地减小。

视角：视角设置。角度越大，视野越宽，相当于广角镜头；角度越小，视野越窄，相当于长焦镜头。调整此参数时，会和"焦长""胶片尺寸""变焦"3个值互相影响。

焦长：焦距设置，指的是胶片和镜头之间的距离。焦距短，就是广角效果；焦距长，就是长焦效果。

启用景深：是否打开景深功能。配合"焦距""孔径""光圈值"和"模糊层次"参数使用。

焦距：焦点距离，确定从摄像机开始，到图像最清晰位置的距离。

孔径：设置光圈大小。不过在After Effects里，光圈大小与曝光没有关系，仅仅影响景深的大小。设置值越大，前后的图像清晰的范围就会越来越小。

光圈值：快门速度，此参数与"孔径"是互相影响的，同样影响景深模糊程度。

模糊层次：控制景深模糊程度，值越大越模糊，为0%则不进行模糊处理。

10.2.3　利用工具移动摄像机

在"工具"面板中有4个移动摄像机的工具，在当前摄像机移动工具上按住鼠标不放，弹出其他摄像机移动工具的选项，或按C键也可以实现这4个工具之间的切换，如图10-157所示。

图10-157

合并摄像机工具：合并以下几种摄像机工具的功能，使用3键鼠标的不同按键可以灵活变换操作，鼠标左键为旋转，中键为平移，右键为推拉。

轨道摄像机工具 ![轨道摄像机工具图标]：以目标为中心点，旋转摄像机的工具。

XY轴轨道摄像机工具 ![图标]：在垂直方向或水平方向，平移摄像机的工具。

Z轴轨道摄像机工具 ![图标]：摄像机镜头拉近、推远的工具，也就是让摄像机在z轴向上平移的工具。

10.2.4　摄像机和灯光的入点与出点

在"时间线"默认状态下，新建立摄像机和灯光的入点和出点就是合成项目的入点和出点，即作用于整个合成项目中。为了设置多个摄像机或者多个灯光在不同时间段起到作用，可以修改摄像机或者灯光的入点和出点，改变其持续时间，就像对待其他普通素材层一样，这样就可以方便地实现多个摄像机或者多个灯光在时间上的切换，如图10-158所示。

图10-158

课堂练习——另类光束

练习知识要点：使用"单元格图案"命令制作马赛克效果；使用"3D"属性制作空间效果；使用"亮度和对比度""快速模糊""发光"命令制作光束发光效果。另类光束效果如图10-159所示。

效果所在位置：Ch10\另类光束\另类光束.aep。

图10-159

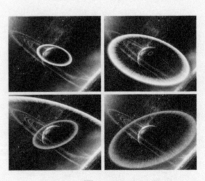

课后习题——冲击波

习题知识要点：使用"椭圆形遮罩"工具绘制椭圆形；使用"粗糙边缘"命令制作形状粗糙化并添加关键帧；使用"Shine"命令制作形状发光效果；使用"3D"属性调整形状空间效果；使用"缩放"选项与"透明度"选项编辑形状的大小与透明度。冲击波效果如图10-160所示。

效果所在位置：Ch10\冲击波\冲击波.aep。

图10-160

第 *11* 章

渲染与输出

本章介绍

  对于制作完成的影片，渲染输出的好坏能直接控制影片的质量，好的渲染与输出能使影片在不同的媒介设备上都得到很好的播出效果，更方便用户的作品在各种媒介上的传播。本章主要讲解了After Effects中的渲染与输出功能。读者通过学习本章内容，可以掌握渲染与输出的方法和技巧。

学习目标

◆ 了解渲染的设置
◆ 掌握输出的方法和形式

渲染在整个影视制作过程中是最后一步，也是相当关键的一步。即使前面制作很精妙，不成功的渲染也会直接导致操作的失败，渲染方式影响着影片最终呈现出的效果。

After Effects可以将合成项目渲染输出成视频文件、音频文件或者序列图片等。输出的方式包括两种：一种是选择"文件 > 导出"命令直接输出单个的合成项目；另一种是选择"图像合成 > 添加到渲染队列"命令，将一个或多个合成项目添加到"渲染队列"中，逐一批量输出，如图11-1所示。

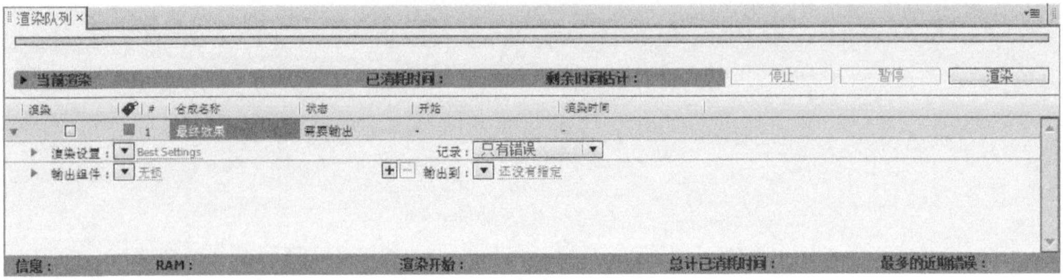

图11-1

其中，通过"文件 > 导出 > 添加到渲染队列"命令输出时，可选的格式和解码较少；通过"渲染队列"进行输出，可以进行非常高级的专业控制，并支持多种格式和解码。因此，在这里主要探讨如何使用"渲染队列"面板进行输出，掌握了它，就掌握了用"文件 > 导出"方式输出影片。

11.1.1　渲染队列面板

在"渲染队列"面板可以控制整个渲染进程，调整各个合成项目的渲染顺序，设置每个合成项目的渲染质量、输出格式和路径等。在新添加项目到"渲染队列"时，"渲染队列"将自动打开，如果不小心关闭了，也可以通过菜单"窗口>渲染队列"命令，或按Ctrl+Shift+0组合键，再次打开此面板。

单击"当前渲染"左侧的三角按钮▶，显示的信息如图11-2所示，主要包括当前正在渲染的合成项目的进度、正在执行的操作、当前输出的路径、文件大小、预测的最终文件、硬盘剩余的空间等。

图11-2

渲染队列区，如图11-3所示。

图11-3

需要渲染的合成项目都将逐一排列在渲染队列里，在此，可以设置项目的"渲染设置""输出组件"（输出模式、格式和解码等）、"输出到"（文件名和路径）等。

渲染： 是否进行渲染操作，只有勾选上的合成项目会被渲染。

： 标签颜色选择，用于区分不同类型的合成项目，方便用户识别。

#： 队列序号，决定渲染的顺序，可以在合成项目上按下鼠标并上下拖曳到目标位置，改变先后顺序。

合成名称： 合成项目的名称。

状态： 当前状态。

开始： 渲染开始的时间。

渲染时间： 渲染所花费的时间。

单击左侧的按钮▶展开具体设置信息，如图11-4所示。单击按钮▼可以选择已有的预置，通过单击当前设置标题，可以打开具体的设置对话框。

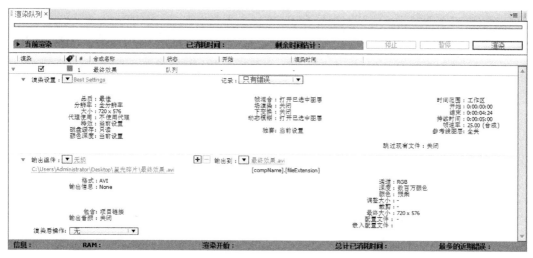

图11-4

11.1.2 渲染设置选项

渲染设置的方法为：单击按钮▼，选择"Best Settings"预置，单击右侧的设置标题，弹出"渲染设置"对话框，如图11-5所示。

（1）"合成组名称"项目质量设置区，如图11-6所示。

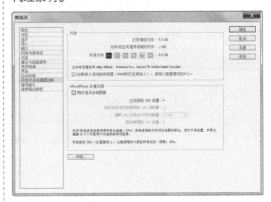

图11-5

图11-6

品质： 层质量设置。包括以下选项："当前设置"采用各层当前设置，即根据"时间线"面板中各层属性开关面板上的图层画质设定而定；"最佳"全部采用最好的质量（忽略各层的质量设置）；"草稿"全部采用粗略质量（忽略各层的质量设置）；"线框图"全部采用线框模式（忽略各层的质量设置）。

分辨率： 像素采样质量，其中包括全分辨率、1/2质量、1/3质量和1/4质量。另外，用户还可以通过选择"自定义"质量命令，在弹出的"自定义分辨率"对话框中自定义分辨率。

磁盘缓存： 决定是否采用"编辑 > 首选项 > 内存与多处理器控制"命令中内存缓存设置，如图11-7所示。如果选择"只读"则代表不采用当前"首选项"里的设置，而且在渲染过程中，不会有任何新的帧被写入内存缓存中。

代理使用： 是否使用代理素材。包括以下选项："当前设置"采用当前"项目"面板中各素

材当前的设置；"使用全部代理"全部使用代理素材进行渲染；"仅使用合成的代理"只对合成项目使用代理素材；"不使用代理"全部不使用代理素材。

图11-7

效果： 是否采用特效滤镜。包括以下选项："当前设置"采用当前时间轴中各个特效当前的设置；"全开"启用所有的特效滤镜，即使某些滤镜 *fx* 是暂时关闭状态；"全关"关闭所有特效滤镜。

独奏开关： 指定是否只渲染"时间线"中"独奏"开关●开启的层，如果设置为"全关"则代表不考虑独奏开关。

参考层： 指定是否只渲染参考层。

颜色深度： 选择色深，如果是标准版的After Effects则设有"16位/通道"和"32位/通道"这两个选项。

（2）"时间取样"设置区，如图11-8所示。

图11-8

帧混合： 是否采用"帧混合"模式。此类模式包括以下选项："当前设置"根据当前"时间线"面板中的"帧混合开关" 的状态和各个

层"帧混合模式"的状态,来决定是否使用帧混合功能;"对选层打开"是忽略"帧混合开关"的状态,对所有设置了"帧混合模式"的图层应用帧混合功能;如果设置了"图层全关",则代表不启用"帧混合"功能。

场渲染:指定是否采用场渲染方式。包括以下选项:"关"表示渲染成不含场的视频影片;"上场优先"表示渲染成上场优先的含场的视频影片;"下场优先"表示渲染成下场优先的含场的视频影片。

3∶2下变换:决定3∶2下拉的引导相位法。

动态模糊:是否采用运动模糊,包括以下选项:"当前设置"是根据当前时间线面板中"动态模糊开关"的状态和各个层"动态模糊"的状态,来决定是否使用动态模糊功能;"对选中层打开"是忽略"动态模糊开关",对所有设置了"动态模糊"的图层应用运动模糊效果;如果设置为"图层全关",则表示不启用动态模糊功能。

时间范围:定义当前合成项目的渲染的时间范围。包括以下选项:"合成长度"表示渲染整个合成项目,也就是合成项目设置了多长的持续时间,输出的影片就有多长时间;"仅工作区域栏"表示根据时间线中设置的工作环境范围来设定渲染的时间范围(按B键,工作范围开始;按N键,工作范围结束);"自定义"表示自定义渲染的时间范围。

使用合成帧速率:使用合成项目中设置的帧速率。

使用这个帧速率:使用此处设置的帧速率。

(3)"选项"设置区,如图11-9所示。

图11-9

跳过现有文件:选中此选项将自动忽略已存在的序列图片,也就忽略已经渲染过的序列帧图片,此功能主要用在网络渲染时。

11.1.3　输出组件设置

渲染设置第一步"渲染设置"完成后,就开始进行"输出组件设置",主要是设定输出的格式和解码方式等。通过单击按钮▼,可以选择系统预置的一些格式和解码,单击右侧的设置标题,弹出"输出组件设置"对话框,如图11-10所示。

图11-10

(1)基础设置区,如图11-11所示。

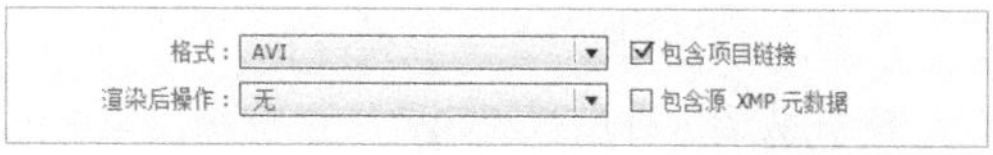

图11-11

格式:输出的文件格式设置。例如:"QuickTime Movie"苹果公司QuickTime视频格式、"MPEG2-DVD"DVD视频格式、"JPEG 序列"JPEG格式序列图、"WAV"音频等,非常丰富。

渲染后操作:指定After Effects软件是否使用刚渲染的文件作为素材或者代理素材。包括以下选项:"导入"渲染完成后自动作为素材置入当前项目中;"导入并替换"渲染完成后自动置入项目中替代合成项目,包括这个合成项目被嵌入其他合成项目中的情况；"设置代理"渲染完成后作为代理素材置入项目中。

（2）视频设置区，如图11-12所示。

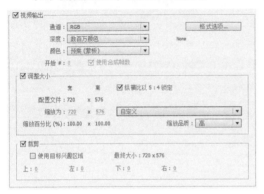

图11-12

视频输出：是否输出视频信息。

通道：输出的通道选择。包括"RGB"（3个色彩通道）、"Alpha"（仅输出Alpha通道）和"RGB+ Alpha"（三色通道和Alpha通道）。

深度：色深选择。

颜色：指定输出的视频包含的AIpha通道为哪种模式，"直通（无蒙版）"模式还是"预乘（蒙版）"模式。

开始#：当输出的格式选择的是序列图时，在这里可以指定序列图的文件名序列数，为了将来识别方便，也可以选择"使用合成帧数"选项，让输出的序列图片数字就是其帧数字。

格式选项：视频的编码方式的选择。虽然之前确定了输出的格式，但是每种文件格式中又有多种编码方式，编码方式的不同会生成完全不同质量的影片，最后产生的文件量也会有所不同。

调整大小：是否对画面进行缩放处理。

纵横比以5：4锁定：是否强制高宽比为特殊比例。

缩放为：缩放的具体高宽尺寸，也可以从右侧的预置列表中选择。

缩放品质：缩放质量选择。

裁剪：是否裁切画面。

使用目标兴趣区域：仅采用"合成"预览窗口中的"目标兴趣范围"工具 ▣ 确定的画面区域。

上、左、下、右：这4个选项分别设置上、左、下、右4个被裁切掉的像素尺寸。

（3）音频设置区，如图11-13所示。

图11-13

音频输出：是否输出音频信息。

格式选项：音频的编码方式，也就是用什么压缩方式压缩音频信息。

音频质量设置：包括采样率、采样位数、立体声或单声道设置。

11.1.4　渲染和输出的预置

虽然After Effects已经提供了众多的"渲染设置"和"输出"预置，不过可能还是不能满足更多的个性化需求。用户可以将常用的一些设置存储为自定义的预置，以后进行输出操作时，不需要一遍遍地反复设置，只需要单击按钮 ▼，在弹出的列表中选择即可。

使用"渲染设置模板"和"输出组件模板"的命令分别是"编辑>模板>渲染设置"和"编辑>模板>输出组件"，如图11-14和图11-15所示。

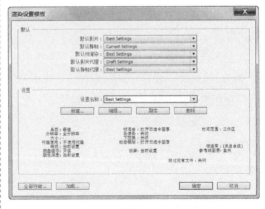

图11-14

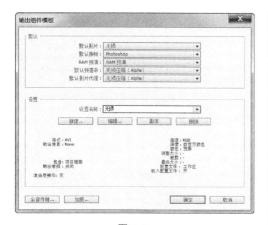

图11-15

11.1.5 编码和解码问题

完全不压缩的视频和音频数据量是非常庞大的，因此在输出时需要通过特定的压缩技术对数据进行压缩处理，以减小最终的文件量，便于传输和存储。所以在输出时就需要选择恰当的编码器，播放时使用对应的解码器进行视音频数据的解压还原。

目前视频流传输中最为重要的编码标准有国际电联的H.261、H.263，运动静止图像专家组的M-JPEG和国际标准化组织运动图像专家组的MPEG系列标准，此外互联网上被广泛应用的还有Real Networks的RealVideo、微软公司的WMT以及Apple公司的QuickTime等。

就文件的格式来讲，对于.avi微软视窗系统中的通用视频格式，现在流行的编码和解码方式有Xvid、MPEG-4、DivX、Microsoft DV等；对于.mov苹果公司的QuickTime视频格式，比较流行的编码和解码方式有MPEG-4、H.263、Sorenson Video等。

在输出时，建议选择普遍的编码器和文件格式，或者是目标客户平台共有的编码器和文件格式，否则，在其他播放环境中播放时，会因为缺少解码器或相应的播放器而无法看见视频或者听到声音。

11.2 输出

可以将设计制作好的视频效果进行多种方式的输出，如输出标准视频、输出合成项目中的某一帧、输出序列图片、输出胶片文件、输出Flash格式文件、跨卷渲染等。下面具体介绍视频的输出方法和形式。

11.2.1 标准视频的输出方法

（1）在"项目"面板中，选择需要输出的合成项目。

（2）选择"图像合成>添加到渲染队列"命令，或按Ctrl+M组合键，将合成项目添加到渲染队列中。

（3）在"渲染队列"面板中进行渲染属性、输出格式和输出路径的设置。

（4）单击"渲染"按钮开始渲染运算，如图11-16所示。

图11-16

（5）如果需要将此合成项目渲染成多种格式或者多种解码，可以在第3步之后，选择"图像合成>添加输出组件"命令，添加输出格式和指定另一个输出文件的路径以及名称，这样可以方便地做到一次创建，任意发布。

11.2.2　输出合成项目中的某一帧

（1）在"时间线"面板中，移动当前时间指针到目标帧。

（2）选择"图像合成>另存单帧为>文件"命令，或按Ctrl+Alt+S组合键。添加渲染任务到"渲染队列"中。

（3）单击"渲染"按钮开始渲染运算。

（4）另外，如果选择"图像合成>另存单帧为>Photoshop图层"命令，则直接打开文件存储对话框，选择好路径和文件名即可完成单帧画面的输出。

11.2.3　输出序列图片

After Effects中支持多种格式的序列图片输出，其中包括：AIFF、AVI、DPX/Cineon序列、F4V、FLV、H.264、H.264Blu-ray、TFF序列、Photoshop序列、Targa序列等。输出的序列图片以后可以使用胶片记录器将其转换为电影。

（1）在"项目"面板中，选择需要输出的合成项目。

（2）选择"图像合成>制作影片"命令，将合成项目添加到渲染队列中。

（3）单击"输出组件"右侧的输出设置标题，打开"输出组件设置"对话框。

（4）在"格式"下拉列表中选择序列图格式，其他选项的设置如图11-17所示，单击"确定"按钮，完成序列图的输出设置。

（5）单击"渲染"按钮开始渲染运算。

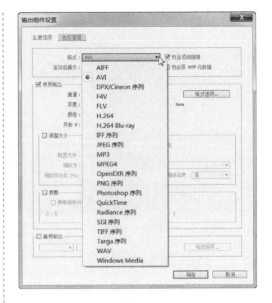

图11-17

11.2.4　输出Flash格式文件

After Effects还可以将视频输出成Flash SWF格式文件或者Flash FLV视频格式文件，步骤如下。

（1）在"项目"面板中，选择需要输出的合成项目。

（2）选择"文件>导出>Adobe Flash Player（SWF）"命令，在弹出的文件保存对话框中选择SWF文件存储的路径和名称，单击"保存"按钮，打开"SWF设置"对话框，如图11-18所示。

图11-18

JPEG品质：分为低、中、高、最高4种品质。

不支持的功能：对SWF格式文件不支持的效果进行设置。包括的选项："忽略"忽略所有不兼容的效果；"栅格化"将不兼容的效果位图化，保留特效，但是可能会增大文件量。

音频：SWF文件音频品质设置。

循环播放：是否让SWF文件循环播放。

防止编辑：禁止在此置入，对文件进行保护加密，不允许再置入Flash软件中。

包含对象名称：保留对象名称。

包含图层标记的Web链接信息：保留在层标记中设置的网页链接信息。

合并Illustrator原图：如果合成项目中含有Illustrator素材，建议选择上此选项。

（3）完成渲染后，产生两个文件：".html"和".swf"。

（4）如果是要渲染输出成FLV Flash 视频格式文件，在第2步时，选择"文件 > 导出 > Adobe Flash Professional（XFL）"命令，弹出"Adobe Flash Professional（XFL）设置"对话框，如图11-19所示，单击"格式选项"按钮，弹出"FLV选择"对话框，如图11-20所示。

图11-19

图11-20

（5）设置完成后，单击"确定"按钮，在弹出的存储对话框中指定路径和名称，单击"保存"按钮输出影片。

第 *12* 章

商业案例实训

本章介绍

　　本章结合3个案例的应用，通过案例分析、案例设计、案例制作进一步详解了After Effects强大的应用功能和制作技巧。在学习案例知识后，读者可以快速地掌握视频特效和软件的技术要点，设计制作出专业的案例。

学习目标

◆ 掌握软件的综合应用
◆ 熟悉各个特效的功能

技能目标

◆ 掌握"数字人物"的制作方法
◆ 掌握"火焰特效"的制作方法
◆ 掌握"运动流光效果"的制作方法

12.1 数字人物

12.1.1 项目背景及要求

1. 客户名称

绒西服饰

2. 客户需求

绒西服饰是一家专做男装的品牌专卖店，现要求为本店新款外套设计一则广告，用于本店新品促销和招揽顾客。绒西服饰提倡将温暖和舒适带给顾客，让每一位顾客展现不同的魅力，所以广告要体现出服饰上乘的质量及多变的风格。

3. 设计要求

（1）将新品服饰作为画面主体，体现广告主题和思想。

（2）设计风格简洁时尚，画面内容要体现出外套酷炫的感觉。

（3）使用深沉厚重的颜色，体现出本店对服饰品质专一执着的追求。

（4）设计规格均为720px（宽）×576px（高），像素纵横比为D1/DV PAL（1.09），帧速率为25帧/秒。

12.1.2 项目创意及制作

1. 设计素材

图片素材所在位置： "Ch12\数字人物\(Footage)\01.png、02.mp3"。

2. 设计作品

设计作品效果所在位置： "Ch12\数字人物\数字人物.aep"，如图12-1所示。

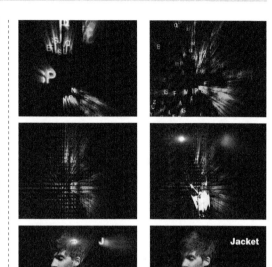

图12-1

3. 制作要点

使用"轨道蒙版"命令，将文字约束在人物形状上；使用"卡片舞蹈""Shine""渐变擦除"和"Light Factory"特效为视频添加效果。

12.1.3 案例制作及步骤

1. 绘制文字

（1）按Ctrl+N组合键，弹出"图像合成设置"对话框，在"合成组名称"文本框中输入"文字"，其他选项的设置如图12-2所示，单击"确定"按钮，创建一个新的合成"文字"。选择"文件>导入>文件"命令，在弹出的"导入文件"对话框中，选择本书学习资源中的"Ch12\数字人物\(Footage)\01.png、02.mp3"文件，单击"打开"按钮，导入文件，如图12-3所示。

图12-2

图12-3

（2）选择"横排文字"工具 [T]，在"合成"窗口中输入文字，选中文字，在"文字"面板中，设置"填充色"为白色，其他参数设置如图12-4所示。"合成"窗口中的效果如图12-5所示。

图12-4

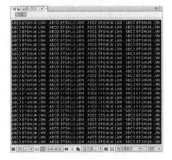

图12-5

（3）选中"文字"层，单击"文字"层左边的三角形按钮 ▶，展开"文字"属性，单击"动画"右边的三角形按钮 ◉，在弹出的菜单中选择"字符偏移"命令，生成"动画1"属性，设置"字符偏移"为12，如图12-6所示。"合成"窗口中的效果如图12-7所示。

图12-6

图12-7

（4）单击"动画1"右侧的"添加"按钮 ◉，在弹出的菜单中选择"选择 > 摇摆"命令，生成"波动选择器1"属性，如图12-8所示。"合成"窗口中的效果如图12-9所示。

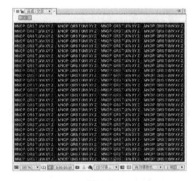

图12-8

图12-9

2. 制作人物变形

（1）按Ctrl+N组合键，弹出"图像合成设置"对话框，在"合成组名称"文本框中输入"渐变贴图"，其他选项的设置如图12-10所示，单击"确定"按钮，创建一个新的合成"渐变贴图"。在"项目"面板中，选中"01.png"文件并将其拖曳到"时间线"面板中。"合成"窗口中的效果如图12-11所示。

图12-10

图12-11

（2）按Ctrl+N组合键，弹出"图像合成设置"对话框，在"合成组名称"文本框中输入"变形底层"，其他选项的设置如图12-12所示，

单击"确定"按钮，创建一个新的合成"变形底层"。在"项目"面板中，选中"渐变贴图"合成和"文字"合成并将其拖曳到"时间线"面板中。选中"渐变贴图"层，按P键，展开"位置"属性，设置"位置"选项的数值为258、288，如图12-13所示。

图12-12

图12-13

（3）将"渐变贴图"层的轨道蒙版选项设置为"Alpha蒙版'文字'"，如图12-14所示。

图12-14

（4）按Ctrl+N组合键，弹出"图像合成设置"对话框，在"合成组名称"文本框中输入"变形"，其他选项的设置如图12-15所示，单击"确定"按钮，创建一个新的合成"变形"。在"项目"面板中，选中"变形底层"和"渐变贴图"合成并将其拖曳到"时间线"面板中，层的排列如图12-16所示。

图12-15

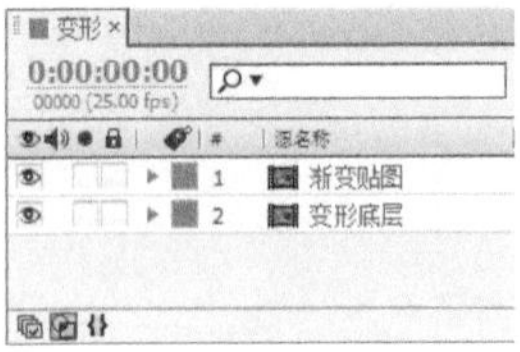

图12-16

（5）选中"渐变贴图"层，按P键，展开"位置"属性，设置"位置"选项的数值为261、288，如图12-17所示。单击"渐变贴图"层左侧的眼睛按钮 ，关闭该层的可视性，如图12-18所示。

图12-17

图12-18

（6）选中"变形底层"层，选择"效果>模拟仿真>卡片舞蹈"命令，在"特效控制台"面板中，设置"行"选项的数值为28，"列"选项的数值为56，将"倾斜图层1"改为"1.渐变贴图"，其他参数设置如图12-19所示。

图12-19

（7）将时间标签放置在0秒的位置。在"特效控制台"面板中，单击"Z轴位置"下的"倍增"选项左侧的"关键帧自动记录器"按钮 ，如图12-20所示，记录第1个关键帧。将时间标签放置在3秒的位置，在"特效控制台"面板中，设置"倍增"选项的数值为0.6，如图12-21所示，记录第2个关键帧。

图12-20

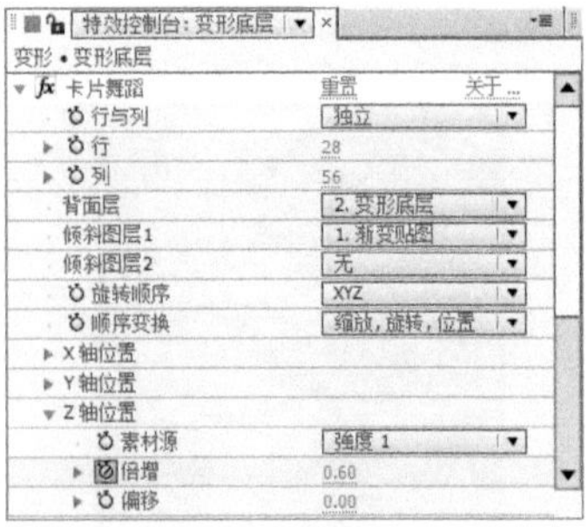

图12-21

（8）将时间标签放置在0秒的位置。在"特效控制台"面板中，单击"摄像机位置"下的"Z位置"选项左侧的"关键帧自动记录器"按钮 ，如图12-22所示，记录第1个关键帧。将时间标签放置在3s的位置，在"特效控制台"面板中，设置"Z位置"选项的数值为2，如图12-23所示，记录第2个关键帧。

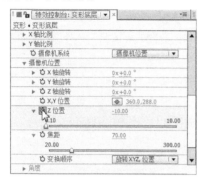

图12-22

图12-23

（9）选择"效果 > Trapcode > Shine"命令，在"特效控制台"面板中，设置"Source Point"选项的数值为266、388，"Ray Length"选项的数值为2，"Boost Light"选项的数值为10，其他参数设置如图12-24所示。

图12-24

（10）将时间标签放置在0秒的位置。选中"渐变贴图"层，单击"渐变贴图"层左侧的眼睛按钮，打开该层的可视性。选择"效果>过渡>渐变擦除"命令，在"特效控制台"面板

中，设置"完成过渡"选项的数值为100%，其他参数设置如图12-25所示。

图12-25

（11）将时间标签放置在3秒10帧的位置。在"特效控制台"面板中，单击"完成过渡"选项左侧的"关键帧自动记录器"按钮，如图12-26所示，记录第1个关键帧。

图12-26

（12）将时间标签放置在3秒21帧的位置，在"特效控制台"面板中，设置"完成过渡"选项的数值为5%，如图12-27所示，记录第2个关键帧。将时间标签放置在4秒13帧的位置，在"特效控制台"面板中，设置"完成过渡"选项的数值为0，如图12-28所示，记录第3个关键帧。

图12-27

图12-28

3. 文字特效

（1）按Ctrl+N组合键，弹出"图像合成设置"对话框，在"合成组名称"文本框中输入"文字特效"，其他选项的设置如图12-29所示，单击"确定"按钮，创建一个新的合成"文字特效"。

图12-29

（2）选择"横排文字"工具 T，在"合成"窗口中输入文字，选中文字，在"文字"面板中，设置"填充色"为白色，其他参数设置如图12-30所示。"合成"窗口中的效果如图12-31所示。

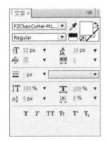

图12-30

图12-31

（3）展开"文字"层属性，单击"动画"右侧的 ⓘ 按钮，在弹出的菜单中选择"缩放"命令。在"时间线"面板中自动添加一个"动画1"属性，如图12-32所示。在"动画1"属性中单击"添加"右侧的 ⓘ 按钮，在弹出的菜单中选择"特性 > 透明度"命令，再次单击"添加"右侧的 ⓘ 按钮，在弹出的菜单中选择"特性 > 模糊"命令，在"时间线"面板中自动添加"透明度"和"模糊"属性，如图12-33所示。

图12-32

图12-33

（4）展开"高级选项"属性，将"定位点编组"选项设为"行"，设置"编组对齐"选项的数值为0、-55%，如图12-34所示。在"范围选择器1"属性中，设置"缩放"选项的数值为500、500%，"透明度"选项的数值为0，"模糊"选项的数值为240，如图12-35所示。

图12-34

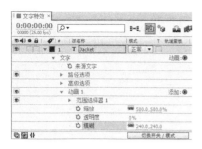

图12-35

（5）将时间标签放置在0秒的位置，展开"范围选择器1"属性，设置"偏移"选项的数值为-100，单击"偏移"选项左侧的"关键帧自动记录器"按钮，如图12-36所示，记录第1个关键帧。将时间标签放置在1秒15帧的位置，设置"偏移"选项的数值为100，如图12-37所示，记录第2个关键帧。

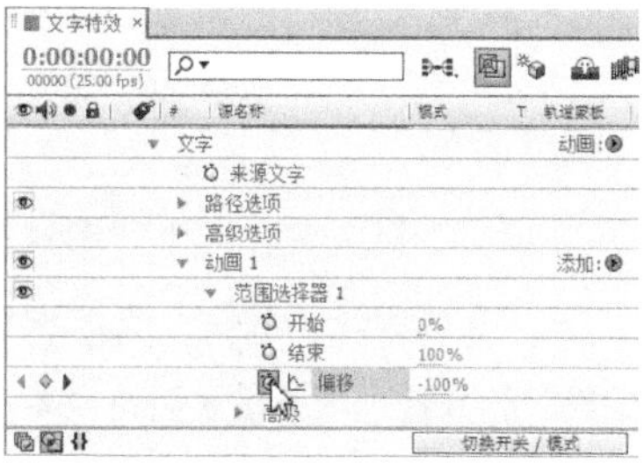

图12-36

图12-37

（6）选择"图层>新建>固态层"命令，弹出"固态层设置"对话框，在"名称"文本框中输入"装饰光"，将"颜色"设置为黑色，如图12-38所示，单击"确定"按钮，在"时间线"面板中新增一个黑色固态层。选中"装饰光"层，选择"效果>Knoll Light Factory>Light Factory"命令，在"特效控制台"面板中进行参

数设置，如图12-39所示。

图12-38

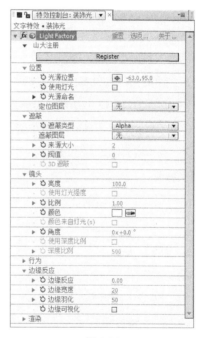

图12-39

（7）将时间标签放置在0秒的位置，在"特效控制台"面板中，设置"光源位置"选项的数值为-63、95，单击"光源位置"选项左侧的"关键帧自动记录器"按钮，如图12-40所示，记录第1个关键帧。将时间标签放置在1秒15帧的位置，设置"光源位置"选项的数值为873、95，如图12-41所示，记录第2个关键帧。

图12-40

图12-41

（8）将时间标签放置在1秒7帧的位置，选中"装饰光"层，按T键，展开"透明度"属性，单击"透明度"选项左侧的"关键帧自动记录器"按钮，如图12-42所示，记录第1个关键帧。将时间标签放置在1秒15帧的位置，设置"透明度"选项的数值为0，如图12-43所示，记录第2个关键帧。

图12-42

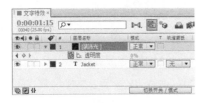

图12-43

（9）在"时间线"面板中，设置"装饰光"层的混合模式为"叠加"，如图12-44所示。"合成"窗口中的效果如图12-45所示。

图12-44

图12-45

4. 最终效果

（1）按Ctrl+N组合键，弹出"图像合成设置"对话框，在"合成组名称"文本框中输入"最终效果"，其他选项的设置如图12-46所示，单击"确定"按钮，创建一个新的合成"最终效果"。在"项目"面板中，选中"变形"合成、"文字特效"合成和"02.mp3"文件，并将其拖曳到"时间线"面板中，层的排列如图12-47所示。

图12-46

图12-47

（2）将时间标签放置在3秒的位置，选中"文字特效"层，按［键，设置动画的入点，如图12-48所示。设置"文字特效"层的混合模式为"添加"，如图12-49所示。

图12-48

图12-49

（3）选中"02.mp3"层，选择"效果>音频>低音与高音"命令，在"特效控制台"面板中进行参数设置，如图12-50所示。将时间标签放置在4秒10帧的位置，如图12-51所示。

图12-50

图12-51

（4）展开"02.mp3"层的"音频"属性，单击"音频电平"选项左侧的"关键帧自动记录器"按钮○，记录第1个关键帧，如图12-52所示。将时间标签放置在4秒24帧的位置，在"时间线"面板中，设置"音频电平"选项的数值为-10，如图12-53所示，记录第2个关键帧。

图12-52

图12-53

（5）选择"效果>音频>高通/低通"命令，在"特效控制台"面板中设置参数，如图12-54所示。数字人物效果制作完成，如图12-55所示。

图12-54

图12-55

练习1.1　项目背景及要求

1. 客户名称

浩宇研究室

2. 客户需求

浩宇研究室是国内针对太空计划与开展航空科学研究设立的机构。现要为新发现的小行星作专题演讲报告，要求为开篇介绍设计一个小动画。设计要求体现演讲主题，简明扼要，具有神秘感和空间感，带给受众身临其境的感觉。

3. 设计要求

（1）设计要求以星云图片为背景，体现出报告的主题和思想。

（2）设计风格简洁明了，画面内容要将神秘感和空间感体现出来。

（3）要求字体设计简单大气，与背景相互承托，以体现星空的奥妙与魅力。

（4）设计规格均为720px（宽）×576px（高），像素纵横比为D1/DV PAL（1.09），帧速率为25帧/秒。

练习1.2　项目创意及制作

1. 设计素材

图片素材所在位置： "Ch12\空间文字\(Footage)\01.jpg"。

2. 设计作品

设计作品效果所在位置： "Ch12\空间文字\空间文字.aep"，如图12-56所示。

3. 制作要点

使用"横排文字"工具输入文字；使用"3D"属性调整文字的空间效果；使用"照明"命令新建灯光层；使用"摄像机"命令新建摄像机层。

图12-56

课堂练习2——波纹文字

练习2.1　项目背景及要求

1. 客户名称

新月电器

2. 客户需求

新月电器是一家专门研究生产各类道路照明用具的公司。道路照明与现代生活息息相关，随着城市化进程的加快，LED路灯以定向发光、使用寿命长、绿色环保等优势逐渐进入市场，成为道路照明节能改造的理想选择。现公司新款LED太阳能路灯研发成功，要求为新品路灯设计一则推广广告，用于产品促销和招揽客人。

3. 设计要求

（1）广告设计要求将路灯作为画面主体，体现出广告的主题和思想。

（2）设计风格简洁时尚，画面要将路灯简单大气的外观体现出来。

（3）要求使用温和舒适的颜色，以体现路灯定向发光、节能环保的特点。

（4）设计规格均为720px（宽）×576px（高），像素纵横比为D1/DV PAL（1.09），帧速率为25帧/秒。

练习2.2　项目创意及制作

1. 设计素材

图片素材所在位置："Ch12\波纹文字\(Footage)\01.jpg"。

2. 设计作品

设计作品效果所在位置："Ch12\波纹文字\波纹文字.aep"，如图12-57所示。

3. 制作要点

使用"基本文字"命令制作文字；使用"椭圆形遮罩"工具绘制椭圆形遮罩并编辑"遮罩"属性；使用"水波世界"命令制作波纹效果；使用"辉光"命令制作发光文字；使用"曲线"命令调整曲线。

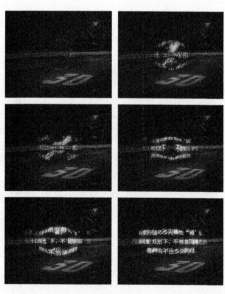

图12-57

习题1.1 项目背景及要求

1. 客户名称

凤羽网络游戏公司

2. 客户需求

《生存之战》是一款火爆的角色扮演类游戏，由凤羽网络游戏公司新开发，其中包括冒险、逃亡、追击等主要环节。现公司要求为游戏设计一个宣传小动图，要求体现出游戏特征及其类型。

3. 设计要求

（1）以模拟人物作为画面主体，体现出游戏主题和思想。

（2）设计风格简单酷炫，画面内容要将游戏特征和类型体现出来。

（3）设计使用配色大胆醒目，以体现出游戏的特色和魅力。

（4）设计规格均为720px（宽）×576px（高），像素纵横比为D1/DV PAL（1.09），帧速率为25帧/秒。

习题1.2 项目创意及制作

1. 设计素材

图片素材所在位置： "Ch12\燃烧效果\(Footage)\01.jpg"。

2. 设计作品

设计作品效果所在位置： "Ch12\燃烧效果\燃烧效果.aep"，如图12-58所示。

3. 制作要点

使用"导入"命令导入图片；使用"椭圆"命令制作椭圆形特效；使用"分形噪波"命令、"置换映射"命令制作火烧动画。

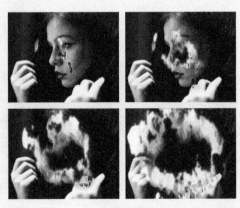

图12-58

课后习题2——卡片倒转

习题2.1　项目背景及要求

1. 客户名称

初一摄影俱乐部

2. 客户需求

初一摄影俱乐部是国内一家较为活跃的自由摄影组织。俱乐部成员均为摄影爱好者，以坚持为影友提供更多、更好、更专业的摄影作品为宗旨。为了更好地为摄影爱好者提供交流、娱乐、学习的平台，特建设了属于自己的网站。现要求为网站制作一个照片展示的小动画，用于网站宣传和吸引网友。

3. 设计要求

（1）以相框的外观显示，体现出照片的特点。

（2）设计风格简洁大方，富有韵律，防止出现视觉疲劳。

（3）要求背景为浅色调，能够突出主体画面。

（4）设计规格均为720px（宽）×576px（高），像素纵横比为D1/DV PAL（1.09），帧速率为25帧/秒。

习题2.2　项目创意及制作

1. 设计素材

图片素材所在位置： "Ch12\卡片倒转\（Footage）\01.jpg、02.jpg"。

2. 设计作品

设计作品效果所在位置： "Ch12\卡片倒转\卡片倒转.aep"，如图12-59所示。

3. 制作要点

使用"卡片擦除"命令制作翻转动画；使用"矩形遮罩"工具添加蒙版并进行编辑；使用"渐变"命令制作渐变效果；使用"3D"属性编辑形状变形；使用"阴影"命令制作投影效果。

图12-59

12.2 火焰特效

12.2.1 项目背景及要求

1. 客户名称

JC游戏公司

2. 客户需求

《火舞银蛇》是JC游戏公司新推出的新款打怪游戏，游戏画面逼真，特效精致。要求为游戏设计开局动画，游戏目的是为每一位游戏爱好者带来热血和激情，所以推广广告不仅要体现出游戏的类型和特色，还要给网友一种神秘和酷炫的感觉。

3. 设计要求

（1）将游戏人物和特效作为画面主体，体现广告主题和思想。

（2）设计风格魅惑，画面内容要将游戏的酷炫和神秘感体现出来。

（3）使用火热神秘的颜色，以体现游戏的魅力。

（4）设计规格均为720px（宽）×576px（高），像素纵横比为D1/DV PAL（1.09），帧速率为25帧/秒。

12.2.2 项目创意及制作

1. 设计素材

图片素材所在位置： "Ch12\火焰特效\(Footage)\01.jpg、02.png和03.mp3"。

2. 设计作品

设计作品效果所在位置： "Ch12\火焰特效\火焰特效.aep"，如图12-60所示。

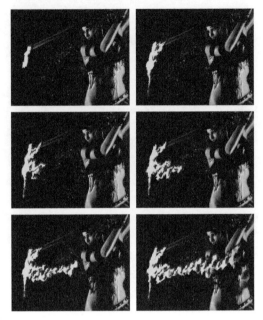

图12-60

3. 制作要点

使用"钢笔"工具绘制文字路径；使用"描边""分形噪波""快速模糊""紊乱置换""置换映射""彩色光"和"辉光"特效为视频添加效果；使用"摄像机"和"照明"命令为视频添加空间感。

12.2.3 案例制作及步骤

1. 制作火焰文字

（1）按Ctrl+N组合键，弹出"图像合成设置"对话框，在"合成组名称"文本框中输入"动画文字"，其他选项的设置如图12-61所示，单击"确定"按钮，创建一个新的合成"动画文字"。选择"文件>导入>文件"命令，在弹出的"导入文件"对话框中，选择本书学习资源中的"Ch12\火焰特效\ (Footage)\ 01.jpg、02.png和03.mp3"文件，如图12-62所示，单击"打开"按钮，导入文件。

图12-61

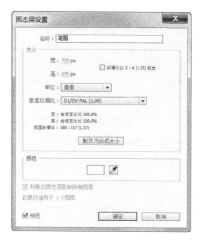

图12-63

图12-64

（2）选择"图层>新建>固态层"命令，弹出"固态层设置"对话框，在"名称"文本框中输入"笔画"，将"颜色"设置为白色，如图12-63所示，单击"确定"按钮，在"时间线"面板中新增一个白色固态层。在"项目"面板中，选中"02"文件并将其拖曳到"时间线"面板中，如图12-64所示。按S键，展开"缩放"属性，设置"缩放"选项的数值为80、80%，如图12-65所示。

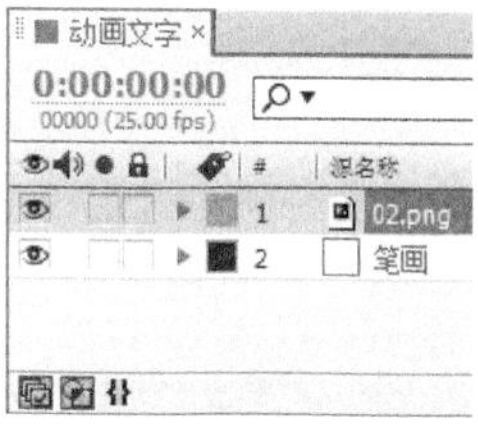

图12-65

（3）选中"笔画"层，选择"钢笔"工具，在"合成"窗口中绘制路径，效果如图12-66所示。单击"02.png"层左侧的眼睛按钮，关闭该层的可视性，如图12-67所示。

图12-66

图12-67

（4）选择"效果>生成>描边"命令，在"特效控制台"面板中进行参数设置，如图12-68所示。"合成"窗口中的效果如图12-69所示。

图12-68

图12-69

（5）将时间标签放置在0秒的位置，在"特效控制台"面板中，单击"结束"选项左侧的"关键帧自动记录器"按钮，如图12-70所示，记录第1个关键帧。将时间标签放置在3秒的位置，设置"结束"选项的数值为100，如图12-71所示，记录第2个关键帧。

图12-70

图12-71

（6）将轨道蒙版选项设置为"Alpha蒙版'02png'"，如图12-72所示。"合成"窗口中的效果如图12-73所示。

图12-72

图12-73

2. 制作火焰效果

（1）按Ctrl+N组合键，弹出"图像合成设置"对话框，在"合成组名称"文本框中输入"贴图"，其他选项的设置如图12-74所示，单击"确定"按钮，创建一个新的合成"贴图"。

（2）选择"图层>新建>固态层"命令，弹出"固态层设置"对话框，在"名称"文本框中输入"噪波"，将"颜色"设置为白色，如图12-75所示，单击"确定"按钮，在"时间线"面板中新增一个白色固态层。

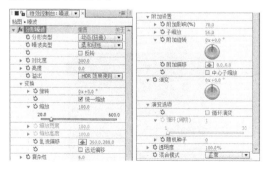

图12-74

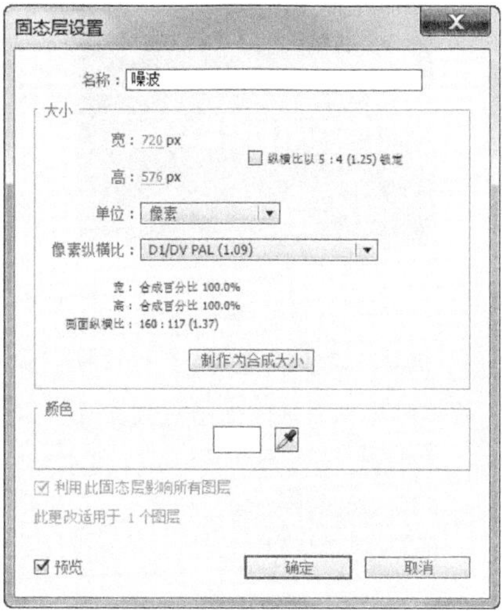

图12-75

（3）选中"噪波"层，选择"效果>杂波与颗粒>分形噪波"命令，在"特效控制台"面板中设置参数，如图12-76所示。"合成"窗口中的效果如图12-77所示。

图12-76

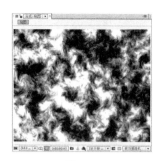

图12-77

（4）将时间标签放置在0秒的位置，在"特效控制台"面板中，单击"变换"下的"乱流偏移"选项左侧的"关键帧自动记录器"按钮 ⑤，如图12-78所示，记录第1个关键帧。将时间标签放置在4秒24帧的位置，在"特效控制台"面板中，设置"乱流偏移"选项的数值为360、-180，如图12-79所示，记录第2个关键帧。

图12-78

图12-79

（5）按Ctrl+N组合键，弹出"图像合成设置"对话框，在"合成组名称"文本框中输入"制作火焰文字"，其他选项的设置如图12-80所示，单击"确定"按钮，创建一个新的合成"制作火焰文字"。在"项目"面板中，选中"动画文字"和"贴图"合成并将其拖曳到"时间线"面板中，单击"贴图"层左侧的眼睛按钮 👁，关闭该层的可视性，如图12-81所示。

图12-80

图12-81

（6）选中"动画文字"层，按P键，展开"位置"属性，设置"位置"选项的数值为328.2、316.9，如图12-82所示。"合成"窗口中的效果如图12-83所示。

图12-82

图12-83

（7）选择"效果>模糊与锐化>快速模糊"命令，在"特效控制台"面板中进行参数设置，如图12-84所示。"合成"窗口中的效果如图12-85所示。

图12-84

图12-85

（8）选择"效果>扭曲>紊乱置换"命令，在"特效控制台"面板中进行参数设置，如图12-86所示。"合成"窗口中的效果如图12-87所示。

图12-86

图12-87

（9）将时间标签放置在0秒的位置，在"特效控制台"面板中，单击"偏移（紊乱）"选项左侧的"关键帧自动记录器"按钮 ⏱，如图12-88所示，记录第1个关键帧。将时间标签放置在4秒24帧的位置，设置"偏移（紊乱）"选项的数值为360、69，如图12-89所示，记录第2个关键帧。

图12-88

图12-89

（10）选择"效果 > 扭曲 > 置换映射"命令，在"特效控制台"面板中进行参数设置，如图12-90所示。"合成"窗口中的效果如图12-91所示。

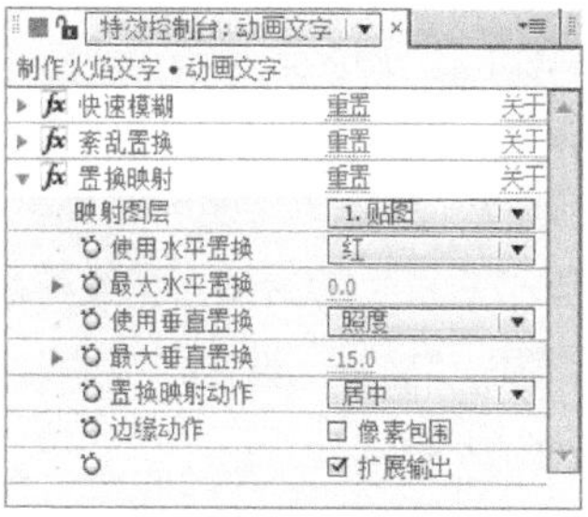

图12-90

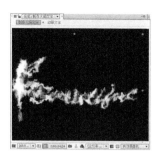

图12-91

（11）选择"效果>色彩校正>彩色光"命令，在"特效控制台"面板中进行参数设置，如图12-92所示。"合成"窗口中的效果如图12-93所示。

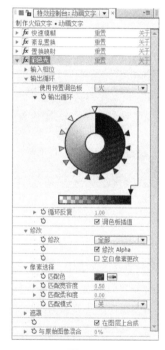

图12-92

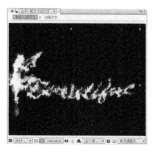

图12-93

（12）选择"效果>风格化>辉光"命令，在"特效控制台"面板中进行参数设置，如图12-94所示。"合成"窗口中的效果如图12-95所示。

图12-94

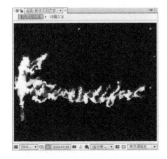

图12-95

3. 最终效果

（1）在"项目"面板中，选中"01.jpg"文件并将其拖曳到"时间线"面板中，如图12-96所示。"合成"窗口中的效果如图12-97所示。

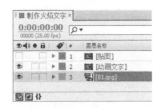

图12-96

（2）选择"效果 > 风格化 > CC玻璃"命令，在"特效控制台"面板中进行参数设置，如图12-98所示。"合成"窗口中的效果如图12-99所示。

图12-97

图12-98

图12-99

（3）单击"动画文字"层和"01.jpg"层右侧的"3D图层"按钮，打开三维属性，如图12-100所示。选择"图层 > 新建 > 摄像机"命令，弹出"摄像机设置"对话框，设置参数如图12-101所示，单击"确定"按钮，在"时间线"面板中新增一个摄像机层。

图12-100

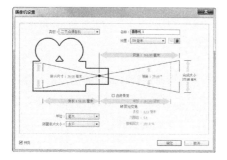

图12-101

（4）选择"合并摄像机"工具，拖曳鼠标指针调整摄像机到适当的位置。选中"动画文字"层，选择"选择"工具，在"合成"窗口中将鼠标指针停留在z轴上，拖曳鼠标指针调整"动画文字"层到适当的位置，效果如图12-102所示。

图12-102

（5）选择"图层 > 新建 > 照明"命令，弹出"照明设置"对话框，设置参数如图12-103所示，单击"确定"按钮，在"时间线"面板中新增一个照明层。在"项目"面板中，选中"03.mp3"文件并将其拖曳到"时间线"面板中，如图12-104所示。

图12-103

图12-104

（6）选中"03.mp3"层，选择"效果 > 音频 > 低音与高音"命令，在"特效控制台"面板中设置参数，如图12-105所示。火焰特效制作完成，如图12-106所示。

图12-105

图12-106

练习1.1 项目背景及要求

1. 客户名称

太空物语

2. 客户需求

《太空物语》是一本科幻小说，小说内容以现代科技为基础来展开，逻辑缜密，内容连贯，深受读者喜爱。现要为书籍的发售开展签售会，要求为签售会现场的书籍介绍设计片头动画，设计要求与书籍内容相呼应，还要带给客户神秘莫测的感觉。

3. 设计要求

（1）以星图案作为画面主体，体现出书籍的主题和思想。

（2）设计风格简洁时尚，画面内容要将书籍类型体现出来。

（3）使用神秘迷幻的颜色，以体现书籍的特色。

（4）设计规格均为720px（宽）×576px（高），像素纵横比为D1/DV PAL（1.09），帧速率为25帧/秒。

练习1.2 项目创意及制作

1. 设计素材

图片素材所在位置："Ch12\爆炸文字\(Footage)\01.jpg"。

2. 设计作品

设计作品效果所在位置："Ch12\爆炸文字\爆炸文字.aep"，如图12-107所示。

3. 制作要点

使用"导入"命令导入素材；使用"渐变"命令制作渐变效果；使用"碎片"命令、"Shine"命令制作爆炸文字效果；使用"镜头光晕"命令制作光晕效果。

图12-107

课堂练习2——旋转光环

练习2.1 项目背景及要求

1. 客户名称

无极VR眼镜公司

2. 客户需求

无极VR眼镜公司新研发出一款VR眼镜，这款眼镜支持将手机插入VR眼镜设备，可以体验游戏、电影、图片等内容。现要设计一个模拟佩戴眼镜后所看到的效果的简单动图，要求画面简单直观，有空间感。

3. 设计要求

（1）以球为主体，设计虚拟动图。

（2）设计简单大气，效果明显。

（3）使用对比强烈的颜色，以体现虚拟和现实的区别。

（4）设计规格均为720px（宽）×576px（高），像素纵横比为D1/DV PAL（1.09），帧速率为25帧/秒。

练习2.2 项目创意及制作

1. 设计素材

图片素材所在位置： "Ch12\旋转光环\(Footage)\01.jpg"。

2. 设计作品

设计作品效果所在位置： "Ch12\旋转光环\旋转光环.aep"，如图12-108所示。

3. 制作要点

使用"矩形遮罩"工具绘制形状；使用"辉光"命令制作线条发光效果；使用"极坐标"命令、"曲线"命令制作线条变形效果；使用"基本3D"命令制作旋转效果；使用"Starglow"命令制作光环效果。

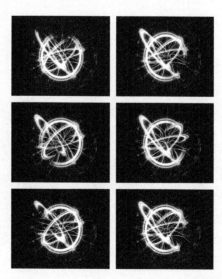

图12-108

习题1.1 项目背景及要求

1. 客户名称

Lisa

2. 客户需求

Lisa是一位网络女主播，拥有很多的粉丝，现在开通自己的博客，想要为自己的博客首页设计一个动态的个人展示视频。设计要求具有梦幻唯美的特点，还要给粉丝一种放松和轻快的感觉。

3. 设计要求

（1）以个人照片作为画面主体。

（2）设计风格唯美梦幻，画面内容要将Lisa带给粉丝快乐和轻松的感觉体现出来。

（3）使用粉色调，体现出主播甜美的特色。

（4）设计规格均为720px（宽）×576px（高），像素纵横比为D1/DV PAL（1.09），帧速率为25帧/秒。

习题1.2 项目创意及制作

1. 设计素材

图片素材所在位置： "Ch12\梦幻汇集\(Footage)\01.jpg"。

2. 设计作品

设计作品效果所在位置：
"Ch12\梦幻汇集\梦幻汇集. aep"，
如图12-109所示。

3. 制作要点

使用"分形噪波"命令制作不规则碎片效果；使用"缩放"属性编辑图片大小；使用"曲线"命令调整亮度；使用"渐变"命令制作渐变背景；使用"卡片舞蹈"制作卡片动画。

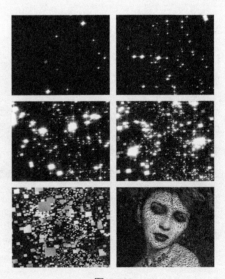

图12-109

课后习题2——闪耀文字

习题2.1　项目背景及要求

1. 客户名称

美丽人生

2. 客户需求

《美丽人生》是一款星际穿越游戏，利用操作界面让玩家充分享受大权在握的感觉，享受美丽人生。游戏易于上手，难于精通，每次的挑战都必须拟定不同的策略与计划，玩家需要占领星球，出产太空战机，进攻敌方星球。现要为游戏设计开场动画，设计要求体现游戏本质的同时带给玩家唯美梦幻的感觉。

3. 设计要求

（1）将星球作为画面主体，体现出游戏的主题和思想。

（2）设计风格简洁时尚，画面内容要将游戏庞大的背景体现出来。

（3）设计使用配色大胆醒目，以体现出游戏的特色和魅力。

（4）设计规格均为720px（宽）×576px（高），像素纵横比为D1/DV PAL（1.09），帧速率为25帧/秒。

习题2.2　项目创意及制作

1. 设计素材

图片素材所在位置： "Ch12\闪耀文字\(Footage)\01.jpg"。

2. 设计作品

设计作品效果所在位置： "Ch12\闪耀文字\闪耀文字.aep"，如图12-110所示。

3. 制作要点

使用"横排文字"工具输入并编辑文字；使用"Particular"命令制作粒子发射效果；使用"Starglow"命令制作文字和粒子的发光效果；使用"启用时间重置"命令制作文字动画效果。

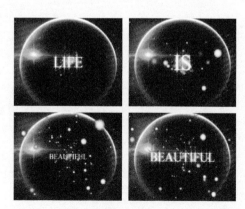

图12-110

12.3 运动流光效果

12.3.1 项目背景及要求

1. 客户名称

大奇汽车

2. 客户需求

"大奇"是一个著名的汽车品牌，以高技术水平、质量标准、创新能力，以及经典车型款式著称。现新款车型上市，要求为其设计一则推广广告，用于新品促销和招揽客人。新款汽车以环保燃料、更强的动力为宣传点，推广广告不仅要体现出环保和速度，还要给客户一种安全和舒适的感觉。

3. 设计要求

（1）将汽车剪影作为画面主体，体现广告的主题和思想。

（2）设计风格简洁时尚，画面内容要体现出汽车的特点。

（3）使用轻快凉爽的颜色，要将汽车环保和舒适的特点体现出来。

（4）设计规格均为720px（宽）×576px（高），像素纵横比为D1/DV PAL（1.09），帧速率为25帧/秒。

12.3.2 项目创意及制作

1. 设计素材

图片素材所在位置： "Ch12\运动流光效果\(Footage)\01.png、02.jpg和03.mp3"。

2. 设计作品

设计作品效果所在位置： "Ch12\运动流光效果\运动流光效果.aep"，如图12-111所示。

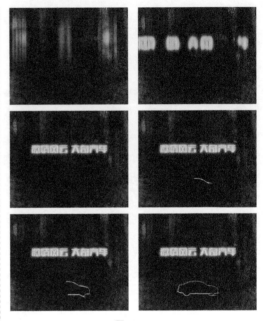

图12-111

3. 制作要点

使用"横排文字"工具编辑文字；使用"自动跟踪"命令对图像轮廓形状进行遮罩；使用"3D Stroke""Shine""方向模糊"和"辉光"特效为视频添加效果；使用"音频电平"选项制作音频效果。

12.3.3 案例制作及步骤

1. 制作剪影

（1）按Ctrl+N组合键，弹出"图像合成设置"对话框，在"合成组名称"文本框中输入"剪影"，其他选项的设置如图12-112所示，单击"确定"按钮，创建一个新的合成"剪影"。

（2）选择"文件 > 导入 > 文件"命令，在弹出的"导入文件"对话框中，选择本书学习资源中的"Ch12\运动流光效果\ (Footage)\ 01.png、02.jpg和03.mp3"文件，如图12-113所示，单击"打开"按钮，导入文件。

图12-112

图12-113

（3）在"项目"面板中，选中"01.png"文件并将其拖曳到"时间线"面板中，如图12-114所示。按S键，展开"缩放"属性，设置"缩放"选项的数值为60、60%，按住Shift键的同时，按P键，展开"位置"属性，设置"位置"选项的数值为358.4、439.8，如图12-115所示。

图12-114

图12-115

（4）选择"图层 > 自动跟踪"命令，在弹出的"自动跟踪"对话框中进行参数设置，如图12-116所示。"合成"窗口中的效果如图12-117所示。

图12-116

图12-117

（5）单击"01.png"层左侧的眼睛按钮，关闭该层的可视性。将时间标签放置在0秒的位置，选中"自动跟踪 01"层，选择"效果 > Trapcode > 3D Stroke"命令，在"特效控制台"面板中，设置"Color"为绿色（其R、G、B的值分别为0、255、192），其他参数设置如图12-118所示。

图12-118

（6）在"特效控制台"面板中，单击"offset"选项左侧的"关键帧自动记录器"按钮，记录第1个关键帧，如图12-119所示。

图12-119

（7）将时间标签放置在3秒的位置，在"特效控制台"面板中，设置"offset"选项的数值为0，记录第2个关键帧，如图12-120所示。"合成"窗口中的效果如图12-121所示。

图12-120

图12-121

（8）选中"自动跟踪 01"层，按Ctrl+D组合键复制图层，如图12-122所示。选择"效果 > Trapcode > Shine"命令，在"特效控制台"面板中进行参数设置，如图12-123所示。

图12-122

图12-123

（9）将时间标签放置在0秒的位置，在"特效控制台"面板中，单击"Source Point"选项左侧的"关键帧自动记录器"按钮，记录第1个关键帧，如图12-124所示。将时间标签放置在1秒15帧的位置，在"特效控制台"面板中，设置"Source Point"选项的数值为240、108，记录第2个关键帧，如图12-125所示。

图12-124

图12-125

（10）将时间标签放置在3秒的位置，在"特效控制台"面板中，设置"Source Point"选项的数值为122、113，记录第3个关键帧，如图12-126所示。将时间标签放置在4秒24帧的位置，在"特效控制台"面板中，设置"Source Point"选项的数值为122、188，记录第4个关键帧，如图12-127所示。

图12-126

图12-127

2. 文字效果

（1）按Ctrl+N组合键，弹出"图像合成设置"对话框，在"合成组名称"文本框中输入"文字效果"，其他选项的设置如图12-128所示，单击"确定"按钮，创建一个新的合成"文字效果"。

图12-128

（2）选择"横排文字"工具 T，在"合成"窗口输入文字"激情风云 大奇汽车"。选中文字，在"文字"面板中设置"填充色"为绿色（其R、G、B的值分别为167、249、38），其他参数设置如图12-129所示。"合成"窗口中的效果如图12-130所示。

图12-129　　　　　　　图12-130

（3）选中"文字"层，按P键，展开"位置"属性，设置"位置"选项的数值为130.9、248，如图12-131所示。"合成"窗口中的效果如图12-132所示。

图12-131

图12-132

（4）展开"文字"层属性，单击"动画"右侧的按钮 ◉，在弹出的菜单中选择"位置"命令，在"时间线"面板中自动添加一个"动画1"选项，如图12-133所示。单击"添加"右侧的按钮 ◉，在弹出的菜单中选择"选择 > 摇摆"命令，自动添加一个"波动选择器1"，如图12-134所示。

图12-133

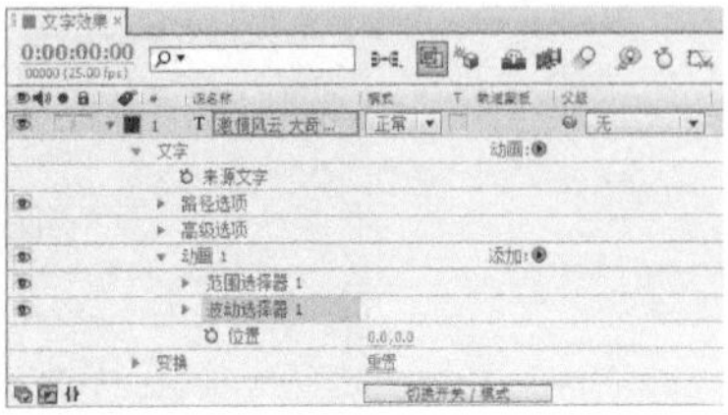

图12-134

（5）将时间标签放置在0秒的位置，单击"位置"选项左侧的"关键帧自动记录器"按钮 ，设置"位置"选项的数值为-900、0，记录第1个关键帧，如图12-135所示。将时间标签放置在2秒的位置，设置"位置"选项的数值为0、0，记录第2个关键帧，如图12-136所示。

图12-135

图12-136

3. 运动文字

（1）按Ctrl+N组合键，弹出"图像合成设置"对话框，在"合成组名称"文本框中输入"运动文字"，其他选项的设置如图12-137所示，单击"确定"按钮，创建一个新的合成"运动文字"。在"项目"面板中，选中"文字效果"合成将其拖曳到"时间线"面板中，如图12-138所示。

图12-137

图12-138

（2）选中"文字效果"层，选择"效果>模糊与锐化>方向模糊"命令，在"特效控制台"面板中进行参数设置，如图12-139所示。"合成"窗口中的效果如图12-140所示。

图12-139

图12-140

（3）将时间标签放置在0秒的位置，在"特效控制台"面板中，单击"模糊长度"选项左侧的"关键帧自动记录器"按钮，记录第1个关键帧，如图12-141所示。将时间标签放置在2秒的位置，在"特效控制台"面板中，设置"模糊长度"选项的数值为0，记录第2个关键帧，如图12-142所示。

图12-141

图12-142

（4）选择"效果 > 风格化 > 辉光"命令，在"特效控制台"面板中，设置"颜色A"为绿色（其R、G、B的值分别为78、255、0），"颜色B"为深绿色（其R、G、B的值分别为0、25、2），其他参数设置如图12-143所示。"合成"窗口中的效果如图12-144所示。

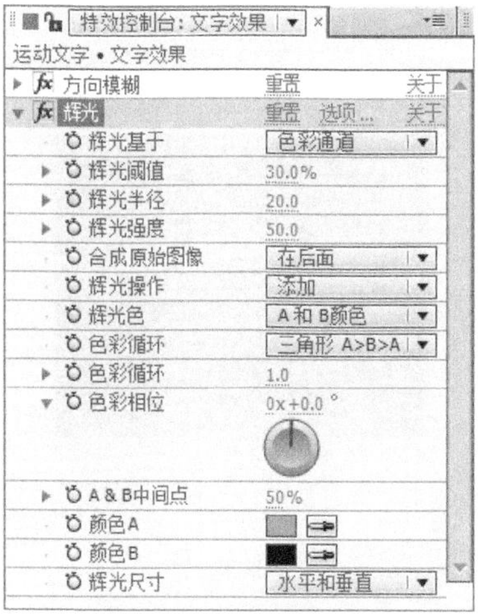

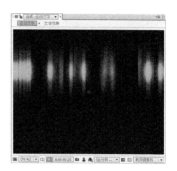

图12-144

（5）将时间标签放置在0秒的位置，选中"文字效果"层，按S键，展开"缩放"属性，单击"缩放"选项左侧的"关键帧自动记录器"按钮，设置"缩放"选项的数值为200、200%，记录第1个关键帧，如图12-145所示。将时间标签放置在2秒的位置，设置"缩放"选项的数值为100、100%，记录第2个关键帧，如图12-146所示。

图12-145

图12-146

4．最终效果

（1）按Ctrl+N组合键，弹出"图像合成设置"对话框，在"合成组名称"文本框中输入"最终效果"，其他选项的设置如图12-147所示，单击"确定"按钮，创建一个新的合成"最终效果"。

（2）在"项目"面板中，选中"剪影"合成、"运动文字"合成、"02.jpg"和"03.mp3"文件，将其拖曳到"时间线"面板中，层的排序如图12-148所示。

图12-143

图12-147

图12-148

（3）将时间标签放置在2秒的位置，如图12-149所示。选中"剪影"层，按[键，设置动画的入点，如图12-150所示。

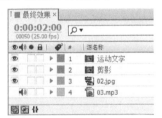

图12-149

图12-150

（4）将时间标签放置在6秒的位置，选中"03.mp3"层，展开"音频"属性，如图12-151所示。单击"音频电平"选项左侧的"关键帧

自动记录器"按钮 ，记录第1个关键帧，如图12-152所示。

图12-151

图12-152

（5）将时间标签放置在6秒24帧的位置，设置"音频电平"选项的数值为-35，记录第2个关键帧，如图12-153所示。运动流光效果制作完成，如图12-154所示。

图12-153

图12-154

课堂练习1——飞舞的小球

练习1.1 项目背景及要求

1. 客户名称

小青父母

2. 客户需求

小青是一个喜欢摄影的小孩儿，小青父母为了让他更好地发展，特为他开设微博，里面包括一些摄影作品和他遇到的问题，想要有更多的摄影爱好者带领小青更好地学习和发展。要求为小青的微博设计一个动态的头像，能够体现儿童童真的同时，添加活泼好动的元素。

3. 设计要求

（1）以卡通玩具为主体。

（2）设计风格清新干净，体现出儿童世界的简单与与众不同。

（3）使用轻快凉爽的颜色，带来轻松愉悦的心情，引起广大网友的注意。

（4）设计规格均为720px（宽）×576px（高），像素纵横比为D1/DV PAL（1.09），帧速率为25帧/秒。

练习1.2 项目创意及制作

1. 设计素材

图片素材所在位置： "Ch12\飞舞的小球\(Footage)\01.jpg"。

2. 设计作品

设计作品效果所在位置： "Ch12\飞舞的小球\飞舞的小球.aep"，如图12-155所示。

3. 制作要点

使用"导入"命令导入素材图片；使用"椭圆形遮罩"工具绘制蒙版形状；使用"3D Stroke"命令制作蒙版形状动画。

图12-155

练习2.1　项目背景及要求

1. 客户名称

基韦拉火山旅行团

2. 客户需求

基韦拉火山位于我国东南部，是活动力较为旺盛的活火山。现在基韦拉火山的旅游条件逐渐改善，方便旅游和观赏，游客可以亲身感受到熔岩那无比的能量。现要为火山旅游的宣传片设计一个片头，要求体现出火山变幻无穷的形态和炽热感。

3. 设计要求

（1）将火山作为画面主体，体现出宣传片的主题和思想。

（2）设计风格简洁大气，能够体现出火山恢宏庞大的气势。

（3）使用对比强烈的颜色，以体现火山变幻无穷的形态和炽热感。

（4）设计规格均为720px（宽）×576px（高），像素纵横比为D1/DV PAL（1.09），帧速率为25帧/秒。

练习2.2　项目创意及制作

1. 设计素材

图片素材所在位置： "Ch12\火焰文字\(Footage)\01.jpg"。

2. 设计作品

设计作品效果所在位置： "Ch12\火焰文字\火焰文字.aep"，如图12-156所示。

3. 制作要点

使用"横排文字"工具输入并编辑文字；使用"渐变"命令制作文字的渐变效果；使用"Particular"命令、"辉光"命令制作火焰效果；使用"摄像机"命令制作摄像机动画。

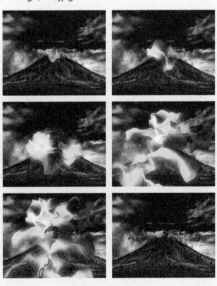

图12-156

课后习题1——流光字

习题1.1　项目背景及要求

1. 客户名称

妮妮

2. 客户需求

妮妮是一位解梦师，她利用心理学理论对梦境进行分析和解答，从而帮助大家认识自己的梦境和内心。现要为妮妮的解梦贴吧设计首页的背景动画，要求符合她解梦师的身份，且具有神秘感。

3. 设计要求

（1）以文字作为画面主体，体现出主题和思想。

（2）设计风格简洁大气，画面内容要将解梦师身份体现出来。

（3）使用梦幻魅惑的颜色，以体现出解梦带来的神圣、不可思议的感觉。

（4）设计规格均为720px（宽）×576px（高），像素纵横比为D1/DV PAL（1.09），帧速率为25帧/秒。

习题1.2　项目创意及制作

1. 设计素材

图片素材所在位置： "Ch12\流光字\(Footage)\01.psd、02.jpg"。

2. 设计作品

设计作品效果所在位置： "Ch12\流光字\流光字.aep"，如图12-157所示。

3. 制作要点

使用"缩放"和"位置"属性制作图像缩放和固定位置；使用"自动跟踪"命令制作文字轮廓效果；使用"3D Stroke"命令制作流动光效；使用"Shine"命令制作发光效果。

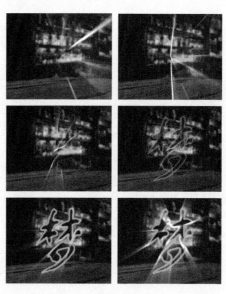

图12-157

习题2.1 项目背景及要求

1. 客户名称

空创电器

2. 客户需求

空创电器是一家大型的电器生产厂家，主要经营各类中小学生使用的电子教学产品。现推出新款的学习机，为体现其高清的画质及超大的内存，要设计一个照片展示的小动画。设计要求细节展示明确，画面清晰且美观大方。

3. 设计要求

（1）以照片展示为主。

（2）设计风格简洁时尚，画面内容细节丰富，富有韵律。

（3）使用清新淡雅的照片，为观看者带来视觉的享受。

（4）设计规格均为720px（宽）×576px（高），像素纵横比为D1/DV PAL（1.09），帧速率为25帧/秒。

习题2.2 项目创意及制作

1. 设计素材

图片素材所在位置："Ch12\翻转的卡片\(Footage)\01.jpg、02.jpg"。

2. 设计作品

设计作品效果所在位置："Ch12\翻转的卡片\翻转的卡片.aep"，如图12-158所示。

3. 制作要点

使用"导入"命令导入图片；使用"卡片擦除"命令、"阴影"命令制作图片翻转效果。

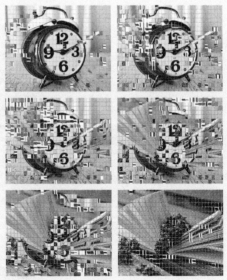

图12-158